著者委员会

主　任

范　云　丁贞玉　徐怒潮　妙旭华

著　者

孙　宁　马婷婷　付全凯　刘锋平

呼红霞　尹惠林　李孝梅　郝占东

序 言

党的二十大报告将“人与自然和谐共生的现代化”确立为中国式现代化的重要特征，标志着我国生态环境保护事业迈入“系统性治理、全域性协同”的新阶段。当前，全球气候变化加剧、生物多样性锐减以及环境污染的跨界传导等挑战日益严峻，生态环境治理已从单一要素修复转向“山水林田湖草沙”生命共同体系统治理。历经50多年发展，我国生态环境重大工程实现了从末端治理到源头防控、从分散施策到全域联动的历史性跨越。本书立足这一转型关键期，首次提出构建“生态环境标杆性重大工程”的建设与实施标准，为生态环境重大工程的系统建设提供新的思路。

本书以“标杆性重大工程”为主题，遵循“历史回溯—现状解析—未来设计”的逻辑脉络，系统梳理了 1973—2024 年我国生态环境重大工程的范式演进，揭示了从“污染减排”到“生态产品价值实现”的治理理念升级。其中，永定河综合治理工程通过构建“政府—市场—社会”协同机制，实现了流域生态效益与经济效益的同步提升，成为跨区域协同治理的标杆案例。在标准体系创新层面，本书提出包含六大类 42 项指标的《标杆性重大工程谋建标准》，并将数字孪生技术、EOD 模式等前沿理念深度融入工程架构。通过对长江经济带“水下森林”生态修复、北方地区清洁取暖等典型案例的剖析，凝练出“问题识别—系统治理—长效运维”的可复制范式。安徽省蚌埠市“靓淮河”工程更以“治水—兴业—惠民”一体化路径，推动了淮河生态蝶变，为流域综合治理提供了创新样本。这些创新不仅为工程实践提供了技术支撑，更推动了生态环境治理能力的现代化转型。

本书由生态环境部环境规划院工程咨询中心联合多位专家共同编写，得到了许多一线工程技术人员的大力支持。希望这本书能够为政府部门、科研单位和企业提供参考。生态文明建设是一项长期工作，需要我们坚持科学态度，统筹推进。本书在“十四五”规划实施和“十五五”规划准备的重要时期出版，希望能为新时代的生态文明建设贡献力量。

前 言

党的二十大报告明确提出“中国式现代化是人与自然和谐共生的现代化”，将生态文明建设提升到前所未有的战略高度。生态环境重大工程作为践行习近平生态文明思想的核心载体，既是深入打好污染防治攻坚战的关键抓手，也是推动绿色低碳转型、实现美丽中国目标的重要支撑。在“十四五”规划纵深推进、“十五五”规划谋篇布局的关键节点，系统总结生态环境重大工程的理论创新、实践经验和未来方向，既是回应时代命题的必然要求，也是构建现代环境治理体系的理论需要。

本书以“标杆性重大工程项目建设与实施标准研究”为主题，立足于我国生态环境治理从“末端管控”向“系统修复”、从“单一要素”向“全域协同”转型的实践背景，聚焦国家生态文明建设战略需求，全面梳理生态环境重大工程的发展脉络、技术突破和管理创新。全书以问题为导向，以标准为牵引，以案例为支撑，旨在为政府部门、科研机构、企业和社会公众提供兼具理论深度与实践价值的参考框架。

1. 成书背景与核心价值

当前，我国生态环境治理已进入“减污降碳协同增效”新阶段，但重大工程实施仍面临顶层设计碎片化、标准体系滞后、跨区域协同低效等深层次矛盾。本书基于生态环境部环境规划院多年研究成果，整合“十四五”期间重大工程项目实践经验，首次系统构建“谋划设计—技术标准—实施保障—效益评估”全链条管理体系。其核心价值体现在以下三个方面：

理论创新：突破传统工程学范式，将生态产品价值核算、数字孪生技术、生态环境导向的开发（EOD）模式等新兴理念融入工程标准设计，提出“战略—规划—工程”定量传导模型。

实践指导：总结福建“项目工作法”、永定河综合治理等 24 个典型案例，形成可复制推广的“问题识别—系统治理—长效运维”模式。

标准引领：编制《标杆性重大工程谋建标准》，涵盖六大类 42 项指标，填补了新污染物治理、气候适应性设计等领域标准的空白。

2. 内容框架与逻辑脉络

全书共分 7 章，遵循“历史回溯—现状解析—未来设计”的逻辑主线。

第 1 章全景式梳理生态环境重大工程 50 多年演进历程，揭示从“污染末端治理”到“生命共同体修复”的范式变革。

第 2 ~ 第 4 章聚焦“十四五”实践，解析 102 项国家重大工程的实施成效，构建涵盖污染治理技术创新、数字化监管平台、生态产品价值实现的现代化标准体系。

第 5~第 6 章通过长江经济带修复、北方清洁取暖等典型案例，提炼跨区域协同、市场化融资等创新机制。

第 7 章立足全球气候变化与“双碳”目标，提出生态环境重大工程的标杆工程蓝图。

本书共有 7 章。第 1 章由尹惠林、徐怒潮撰写，第 2 章由妙旭华、范云撰写，第 3 章由尹惠林、徐怒潮撰写，第 4 章由范云、刘锋平、付全凯撰写，第 5 章由范云、呼红霞、马婷婷、李孝梅撰写，第 6 章由孙宁、妙旭华、郝占东撰写，第 7 章由丁贞玉、徐怒潮、范云撰写。范云负责统稿，数次召集大家进行研讨、修改并完善定稿。

对本书内容若有任何意见和建议，可与本书著者联系。

著　者

2024 年 9 月

目 录

1 生态环境重大工程研究进展 / 1
1.1 重大工程发展及现状研究 / 1
1.2 生态环境重大工程实施经验 / 13
1.3 标杆性重大工程的战略定位 / 18

2 生态环境重大工程发展机遇 / 23
2.1 推动“十四五”规划落实的关键抓手 / 23
2.2 谋划“十五五”标杆性重大工程项目的战略基础 / 24
2.3 支撑美丽中国建设的实施路径 / 24

3 相关理论体系 / 26
3.1 跨学科理论融合 / 26
3.2 生态环境重大工程实践理论 / 27

4 **标杆性重大工程项目建设标准研究** / 29
4.1 生态短板精准识别标准 / 29
4.2 管理科技创新标准 / 37
4.3 生态环境综合效益评估研究 / 51

5 **标杆性重大工程项目调管保障措施研究** / 57
5.1 资金保障机制 / 57
5.2 项目管理与协调机制 / 60
5.3 绩效评估机制 / 63
5.4 重大工程激励机制 / 64

6 **重大工程典型案例分析** / 66
6.1 生态环境重大工程案例分析 / 66
6.2 “山水工程”案例分析 / 71
6.3 高标准农田建设工程 / 73
6.4 生态环境领域重大工程典型案例分析 / 75

7 **发展与展望** / 84
7.1 发展现状与核心成果 / 84
7.2 现存挑战与矛盾剖析 / 85
7.3 未来发展方向与战略路径 / 85
7.4 制度创新与保障体系 / 87
7.5 展望：迈向 2030 年的生态文明新格局 / 87

附　录 / 89

1 生态环境重大工程研究进展

党的二十大报告提出“中国式现代化是人与自然和谐共生的现代化”。完整、准确、全面贯彻党的二十大提出的新思路、新举措、新要求，加快发展方式绿色转型，使生态环境重大工程建设正面临前所未有的发展机遇。实施生态环境重大工程是推动“十四五”生态环境保护规划目标落实、持续改善生态环境质量的有力抓手，也是深入打好污染防治攻坚战、扩大生态环境领域有效投资的重要支撑。

生态环境重大工程作为国家生态文明建设的核心抓手，经历了从末端治理到系统修复，从单一要素到多要素协同的深刻转型。随着“十四五”规划的深入推进，我国生态环境重大工程在战略定位、技术创新、管理模式和综合效益等方面取得了显著进展，但也面临系统性矛盾与挑战，亟须通过制度创新和技术突破来实现高质量发展。

1.1 重大工程发展及现状研究

1.1.1 国家“重大工程”与“生态环境重大工程”的内涵演进

重大工程是在一定的时代背景下，对政治、经济、社会、科技、生态环境保护、公众健康与国家安全等具有重要影响的大型公共工程。重大工程通常包括但不限于基础设施建设、科技创新、民生保障、生态环境保护和产业发展等领域，它们对国家或地区的经济和社会发展具有重要的战略意义和深远影响。例如，嫦娥六号探月工程、深中通道建设项目等，都是体现中国科技创新和综合国力的重大工程。这些工程不仅代表了国家在关键技术领域的突破，也展示了新型举国体制的优势和自立自强的信念。

《中华人民共和国国民经济和社会发展第十三个五年规划纲要》（以下简称“十三五”规划纲要）共计 23 个专栏，明确了 165 项重大工程项目。《〈中华人民共和国国民经济和社会发展第十三个五年规划纲要〉实施总结评估报告》从八个方面对“十三五”规划纲要实施情况进行了总结评估，提供了具体的主要指标完成情况和 165 项重大工程项目实施情况，其中对生态环境重大工程的评估结论为“实施力度空前”。在对“十三五”重大工程实施情况的“三个一批”总体评估中明确指出：一批世界级标志性重大工程建成投运。现代综合交通网络更加健全，重大低碳清洁能源项目加快建设，水利基础设施短板有效补齐。一批前瞻引领性项目部署实施。重大科技项目有序实施，关键重大装备实现全方位提升，部分战略性新兴产业率先取得突破。一批关乎群众切身利益的民生项目扎实推进。脱贫攻坚成果举世瞩目，生态环境重大工程实施力度空前。现代农业建设取得重大进展，社会民生领域项目深入实施。

《中华人民共和国国民经济和社会发展第十四个五年规划和 2035 年远景目标纲要》（以下简称“十四五”规划纲要）在 17 个专栏中明确了 102 项重大工程项目，这些项目涉及多个领域。根据“十四五”规划纲要内容，重大工程是推动国家经济社会发展的关键因素，具有战略性、基础性、引领性的特点，它们在科技攻关、基础设施建设、生态环境建设、民生补短板、文化传承发展等重点领域发挥着重要作用。

“十四五”规划纲要明确了一系列重大工程项目，这些项目包括但不限于：

①科技创新：加强国家战略科技力量，构建国家重大科技基础设施，支持关键核心技术创新。

②产业升级：深入实施制造强国战略，发展壮大战略性新兴产业，推动产业数字化转型。

③基础设施建设：构建现代化基础设施体系，包括交通、能源、水利等方面，加快建设交通强国。

④数字化发展：建设数字中国，打造数字经济新优势，加快数字社会建设步伐，提高数字政府建设水平。

⑤区域协调发展：优化国土空间开发保护格局，深入实施区域重大战略和区域协调发展战略。

⑥绿色发展：推动绿色发展，持续改善环境质量，加快发展方式绿色转型。

⑦民生和社会事业：增进民生福祉，提升共建、共治、共享水平，健全国家公共服务制度体系。

此外，“十四五”规划纲要还强调了重大工程项目的实施对于实现 2035 年远景目标的重要性，包括人均国内生产总值达到中等发达国家水平、基本公共服务实现均等化，以及实现碳排放达峰后稳中有降等目标。

生态环境重大工程（即生态环境领域重大工程、生态环境保护重大工程，也曾称为环保重大工程）是一项实施国家中长期规划、具有中国特色的制度安排，是实施 5 年国家环境保护规划的重要支撑。具体是指根据《中华人民共和国环境保护法》编制、经国务院批准并公布实施的 5 年国家环境保护规划中提出的重大工程项目，以及通过专项规划、地方规划支撑前者落地的重大工程项目。以重大环境工程项目为抓手，以大环保工程带动大治理，推动环境质量改善和污染减排目标的实现，是实施 5 年国家环境保护规划的重要支撑。

根据《关于扎实推进“十四五”生态环境领域重大工程实施的通知》（环综合〔2022〕61 号），重大工程既包括国家重大建设项目库、中央生态环境资金项目储备库、生态环保金融支持项目储备库、国家气候投融资重点项目库等涉及的项目，还包括其他资金渠道支持项目和地方政府投资、社会投资相关项目。

从项目分类来看，“十四五”生态环境领域重大工程主要包括“十四五”规划纲要、《“十四五”生态环境保护规划》、《中共中央 国务院关于深入打好污染防治攻坚战的意见》等确定的重大工程。具体可分为三大类：

①生态环境部门牵头实施的“十四五”规划 102 项重大工程；

②生态环境部门牵头实施的“十四五”生态环境保护规划重大工程；

③配合有关部门实施的“十四五”生态环境领域重大工程。

任务清单涵盖了“十四五”各类国家规划中明确的生态环境领域重大工程，共分为3个级别，其中：一级类别三大类，并进一步细分为8个二级类别和45个三级类别，具体工程类别见图1-1和表1-1。

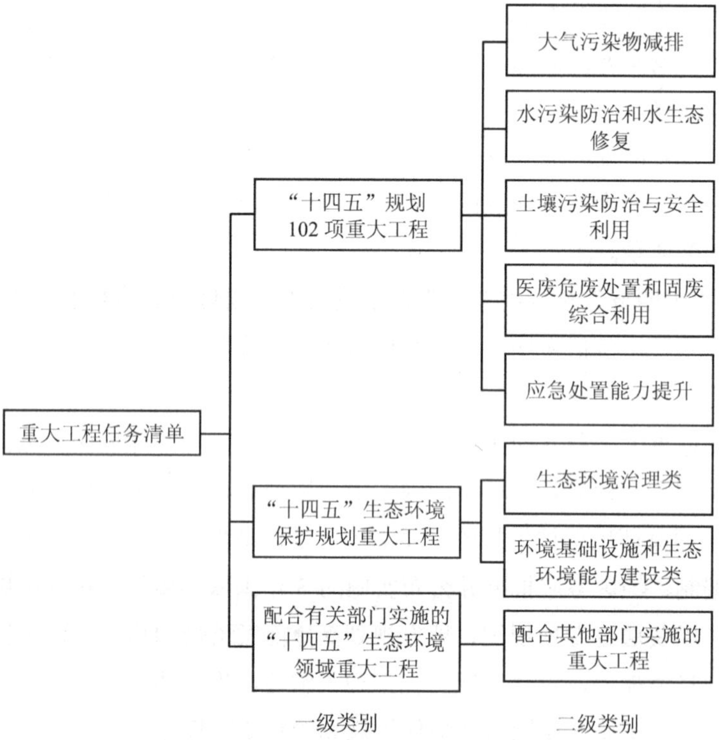

图1-1 “十四五”生态环境重大工程任务清单

表1-1 “十四五”生态环境重大工程类别

一级类别项目类型	二级类别项目类型	三级类别项目类型
生态环境部门牵头实施的“十四五”规划102项重大工程	大气污染物减排	1. 钢铁行业超低排放改造工程
		2. 挥发性有机物（VOCs）综合治理工程
		3. 北方地区清洁取暖工程
	水污染防治和水生态修复	4. 重点湖库污染治理和生态修复工程

一级类别项目类型	二级类别项目类型	三级类别项目类型
生态环境部门牵头实施的“十四五”规划102项重大工程	土壤污染防治与安全利用	5. 土壤和地下水污染治理工程
	医废危废处置和固废综合利用	6. 国家危险废物、医疗废物收集处理设施补短板工程
	应急处置能力提升	7. 国家核与辐射应急能力建设工程
生态环境部门牵头实施的“十四五”生态环境保护规划重大工程	生态环境治理类	8. 其他重点行业超低排放改造和深度治理工程
		9. 入河入海排污口整治工程
		10. 重点海湾生态环境综合治理工程
		11. 新污染物治理能力建设和减排工程
		12. 重金属与历史遗留尾矿污染治理工程
		13. 生物多样性保护重大工程
		14. 应对气候变化重大示范工程
		15. 土壤和地下水污染治理示范工程
		16. 农村环境整治和农业污染防治示范工程
		17. “无废城市”建设工程
		18. 生态环境智慧感知监测能力建设示范工程
		19. 生态环境治理智能化建设示范工程
		20. 其他领域生态环境治理重大工程
	环境基础设施和生态环境能力建设类	21. 新污染物治理能力建设工程
		22. 核安全风险预警监测信息化平台建设工程（国家）
		23. 国家核与辐射安全监管能力提升工程
		24. 国家生态环境科技支撑工程
		25. 生态环境治理智能化建设工程
		26. 空气质量预报能力建设
		27. 生态环境智慧感知监测能力建设工程
		28. 生物多样性监测与保护能力建设重大工程
		29. 核与辐射环境监测能力建设工程

一级类别项目类型	二级类别项目类型	三级类别项目类型
生态环境部门牵头实施的“十四五”生态环境保护规划重大工程	环境基础设施和生态环境能力建设类	30. 生态环境执法监管能力建设工程
		31. 核与辐射安全监管能力提升工程
		32. 环境应急能力建设工程
		33. 环境应急能力建设工程（海洋）
配合有关部门实施的“十四五”生态环境领域重大工程	配合其他部门实施的重大工程	34. 重点行业清洁生产改造工程
		35. 重点行业绿色转型升级与综合整治提升工程
		36. 含 VOCs 产品源头替代工程
		37. 应对气候变化重大工程
		38. 重点海湾海洋生态修复工程
		39. 土壤和地下水污染治理工程
		40. 城镇污水管网及处理设施建设工程
		41. 农村环境整治和农业污染防治工程
		42. 重金属污染治理工程
		43. 生物多样性保护重大工程
		44. 生态环境卫星监测及应用能力建设工程
		45. 危险废物、医疗废物收集处理设施补短板工程

第一类是生态环境部门牵头实施的“十四五”规划 102 项重大工程。来源于“十四五”规划纲要，包括大气污染物减排、水污染防治和水生态修复、土壤污染防治与安全利用、医废危废处置和固废综合利用、应急处置能力提升 5 项工程。

专栏一　生态环境部门牵头实施的“十四五”规划 102 项重大工程

◆ 大气污染物减排重大工程。完成 5.3 亿 t 钢铁产能超低排放改造，开展石化、化工、涂装、医药、包装印刷等重点行业挥发性有机物治理改造，推进大气污染防治重点区域散煤清零。

◆ 水污染防治和水生态修复重大工程。加强巢湖、滇池、洱海、白洋淀、鄱阳湖、洞庭湖、查干湖、乌梁素海等重点湖库污染防治和生态修复。

◆ 土壤污染防治与安全利用重大工程。以化工、有色金属行业为重点，实施100个土壤污染源头管控项目。

◆ 医废危废处置和固废综合利用重大工程。建设国家和6个区域性危险废物风险防控技术中心、20个区域性特殊危险废物集中处置中心。

◆ 应急处置能力提升重大工程。建设3座区域核与辐射应急监测物资储备库。

第二类是生态环境部门牵头实施的“十四五”生态环境保护规划重大工程。来源于《“十四五”生态环境保护规划》，包括生态环境治理类、环境基础设施和生态环境能力建设类。

（1）生态环境治理类重大工程

包含13项重大工程，涵盖大气、水、土壤、农村污染防治等领域，主要由地方生态环境部门推动。

（2）环境基础设施和生态环境能力建设类重大工程

包含13项重大工程，涵盖生态环境科技支撑、生态环境执法监管能力建设、环境应急能力建设等领域，按实施主体分，主要包括生态环境部组织实施、国家和地方共同组织实施两种。

第三类是配合有关部门实施的“十四五”生态环境领域重大工程。来源于《“十四五”生态环境保护规划》，主要是配合发展改革、工业和信息、自然资源、住房城乡建设、农业农村等部门实施，共12个工程。

1.1.2 生态环境重大工程发展历程（1972—2024年）

（1）生态环境保护事业孕育起步，生态环境重大工程建设以末端治污为主要特点

从1972年联合国人类环境会议到《“十三五”生态环境保护规划》发布之前，生态环境重大工程主要围绕解决重点区域、重点流域和重点行业存在的突出环境污染问题而展开，为探索系统解决生态环境保护问题提供了实践经验。这一时期可分为三个阶段。

一是在“八五”时期，为化解局部污染事件，开展了生态环境重大工程建设。该阶段以北京市官厅水库、河北省白洋淀和广西壮族自治区桂林市漓江等水域的

污染治理为代表，在实施生态环境重大工程时，普遍采取“一刀切”的方式，关停周边水域严重污染的工业企业。这些工程以局部水域环境改善为主要特点，为全面实施环境保护奠定了基础。

二是在“九五”和“十五”期间，围绕污染排放末端治理开展生态环境重大工程建设。这一时期，城市环境基础设施和工业污染治理设施建设大幅加强，城市生活污水处理量从“九五”初期（1996 年）的 83.3 亿 t 增加到“十五”末期（2005 年）的 187 亿 t，城市污水处理率也从 23.6%提高到 51.99%；全国工业废水排放达标率从 1999 年的 66.7%提高到 2005 年的 91.2%。这些措施使得我国在经济快速发展、重化工业迅猛增长的情况下，环境污染和生态破坏的趋势得到了缓解，部分地区和城市的环境质量有所改善。

三是在“十一五”和“十二五”期间，围绕排放总量减排开展重点行业领域生态环境重大工程建设。这一阶段，围绕脱硫脱氮和 COD 减排开展的生态环境重大工程项目取得了显著进展。到“十二五”末期，重大工程的设计开始从水、大气污染末端治理转向多要素污染综合治理，注重建设污染处理基础设施，提高污染物处理处置水平。全国城镇污水处理能力达到 1.82 亿 t/d，燃煤电厂脱硫能力达到 9.8 亿 kW，脱硫机组占比从 2005 年的 4.3%快速提高至 96%。国家大力支持重大工程的投资建设，带动了全社会环保投资额的显著增加，“十二五”前 4 年全社会环保投资已经达到 32 900 亿元。这一时期重大工程项目在污染减排和环境风险控制等方面取得了较大成效。

（2）生态环境保护发生历史性变革，生态环境重大工程建设进入目标化、整体化、系统化新发展阶段

党的十八大以来，以习近平同志为核心的党中央站在人类文明兴衰和中华民族永续发展的高度，把生态文明建设作为统筹推进“五位一体”总体布局的重要内容，提出了一系列新理念、新思想、新战略。一方面，习近平生态文明思想逐渐形成，生态文明建设和生态环境保护从认识到实践发生了历史性、转折性、全局性转变，逐步纳入经济社会发展的各方面和全过程；另一方面，针对我国经济发展进入新常态、世界经济复苏低迷的形势，党的十九大报告明确提出“贯彻新发展理念，建设现代化经济体系”，揭示了实现更高质量、更有效率、更加公平、更可持续发展的必由之路。生态文明建设和生态环境保护理念的变化，引领着

生态环境重大工程建设的改革，与此同时，生态环境重大工程建设也对区域经济发展、社会环境、资源利用、能源消耗和生态环境等方面产生了重大而深远的影响。

“十三五”期间，生态环境重大工程的设计理念逐步由局部、分散的治理项目转向目标化、整体化、系统化的综合治理。国家层面重点实施了水、大气、土壤三大污染防治行动计划，强调污染全过程治理，突出生态环境的整体性和系统性。根据《2020中国生态环境状况公报》，2020年和“十三五”期间生态环境重点目标任务均圆满超额完成。与2010年相比，环境质量明显改善。该阶段生态环境重大工程呈现生命周期长、空间尺度大、复合影响因素多、利益诉求复杂、投资规模大且不可逆、工程建设不确定性大的特征。在全过程管理中，存在大量不确定性、模糊性和价值偏好问题。

《“十三五”生态环境保护规划》中关于规划项目的描述是以专栏形式进行表述的（表1-2）。第九章提出“实施一批国家生态环境重大工程”，“十三五”期间，国家组织实施工业污染源全面达标排放等重点工程，建立重大项目库，强化项目绩效管理。项目投入以企业和地方政府为主，中央财政予以适当支持。

表1-2 “十三五”国家生态环境重大工程类型

专栏	工程类型
专栏8：环境治理保护重点工程	（1）工业污染源全面达标排放
	（2）良好水体及地下水环境保护
	（3）重点流域海域水环境治理
	（4）城镇生活污水处理设施全覆盖
	（5）农村环境综合整治
	（6）土壤环境治理
	（7）重点领域环境风险防范
	（8）核与辐射安全保障能力提升等
专栏9：山水林田湖生态工程	（1）国家生态安全屏障保护修复
	（2）国土绿化行动

专栏	工程类型
专栏9：山水林田湖生态工程	（3）国土综合整治
	（4）天然林资源保护
	（5）新一轮退耕还林还草和退牧还草
	（6）防沙治沙和水土流失综合治理
	（7）河湖与湿地保护恢复
	（8）濒危野生动植物抢救性保护
	（9）生物多样性保护
	（10）外来入侵物种防治行动
	（11）森林质量精准提升
	（12）古树名木保护
	（13）城市生态修复和生态产品供给
	（14）生态环境技术创新

工程项目的设计总体较为概化，提出了实施若干示范工程，但并未明确示范工程的具体分布，同时对各省级“十三五”生态环境保护规划如何衔接和落实国家《“十三五”生态环境保护规划》重点工程项目也并未提出具体要求。各省（自治区、直辖市）发布的“十三五”生态环境保护工程项目总体也是仿照国家《“十三五”生态环境保护规划》设计的，也未结合本省（自治区、直辖市）目标指标和任务体系给出具体的工程项目清单。

总体来看，无论是国家层面还是省级层面，“十三五”生态环境保护规划中均未就如何细化、分解和落实规划专栏中提出的工程项目类型提出进一步要求，在很大程度上使规划提出来的工程项目不具有实际可操作性，规划提出的开展重大工程项目评估的任务要求在现实中难以落实。

1.1.3 “十四五”生态环境重大工程建设成效与瓶颈分析

“十四五”生态环境重大工程主要包括“十四五”规划纲要、《“十四五”生态环境保护规划》和《中共中央 国务院关于深入打好污染防治攻坚战的意见》等确定的重大工程45项。生态环境部汇总整合了国家重大建设项目库、中央生态环境资金项目储备库、生态环保金融支持项目储备库、国家气候投融资重点项目库等涉及的项目，还包括其他资金渠道支持项目和地方政府投资、社会投资的相关项目。生态环境部按照任务分工研究制定了重大工程项目的筛选标准，筛选并建立了国家“十四五”生态环境领域重大工程项目台账。

污染防治攻坚战取得显著进展。“十四五”期间，我国持续推进大气、水、土壤污染防治行动，重点工程成效显著。在大气治理方面，京津冀及周边地区、汾渭平原等重点区域 $PM_{2.5}$ 浓度持续下降，燃煤电厂超低排放改造基本完成，钢铁、水泥等行业的超低排放改造加快推进。在水环境治理方面，长江、黄河等重点流域的水质明显改善，城市黑臭水体治理成效显著，全国地表水优良水体比例稳步提升。在土壤污染防治方面，农用地安全利用和建设用地风险管控体系逐步完善，重点行业企业用地调查取得了阶段性成果。

生态保护和修复工程稳步推进。国家实施山水林田湖草沙一体化保护和修复工程，推动生态系统的整体性恢复。例如，“三北”防护林、天然林保护、退耕还林还草等工程持续实施，森林覆盖率稳步提高。湿地保护修复成效显著，全国湿地保护率超过 50%。此外，国家公园体制建设也取得重大突破，首批国家公园正式设立，生物多样性保护网络逐步完善。

绿色低碳转型步伐加快。“十四五”期间，我国碳达峰、碳中和“1+N”政策体系逐步完善，可再生能源装机规模快速增长，风电、光伏发电量占比持续提升。重点行业节能降碳改造深入推进，碳排放权交易市场平稳运行。循环经济发展取得新突破，大宗固体废物综合利用水平显著提高，绿色建筑、新能源汽车等产业快速发展，低碳生活方式逐步普及。

环境治理体系不断完善。生态环境监测网络更加健全，大数据、人工智能等技术在环境监管中得到广泛应用。中央生态环境保护督察（以下简称中央生态环保督察）制度持续强化，企业环境违法成本显著提高。公众参与机制逐步完善，环保社会组织和公众在环境治理中的作用日益凸显。

党的十八大以来，国家对生态环境保护的重视程度不断提高，实施了一系列重点工程治理项目，环境治理投资也稳定增长。从 1972 年联合国人类环境会议召开，到《“十三五”生态环境保护规划》发布之前，生态环境重大工程主要围绕解决重点区域、重点流域或重点行业存在的突出环境污染问题而开展。这些工程为探索和发展系统解决生态环境保护问题提供了实践经验。生态环境重大工程的管理模式不断发展。实行项目储备、实施监管、绩效考评“三管”齐下，初步构建“工程规划—工程设计—工程实施—管理维护—绩效评估”的重大工程全过程管理模式，体现环境质量改善、绿色循环技术创新、市场化融资等特点。

尽管“十四五”生态环境重大工程取得积极进展，但在推进过程中仍面临以下几方面的挑战。

①资金投入不足，可持续性面临挑战。生态环境重大工程往往投资规模大、回报周期长，部分地方政府财政压力较大，导致资金筹措困难。例如，农村生活污水治理、土壤修复等工程对中央财政支持的依赖度较高，但地方配套资金不足，从而影响了工程进度。此外，市场化融资机制尚未成熟，社会资本参与度不高，这也制约了工程的可持续推进。

②技术创新与应用仍存短板。部分领域的关键技术尚未突破，如高浓度有机废水处理和重金属污染土壤修复等技术仍不成熟，影响了治理效果。同时，先进环保技术的推广面临着成本高、适用性不足等问题，中小企业难以承担技术升级的成本。

③跨区域、跨部门协同不足。生态环境问题具有系统性，但当前治理仍存在条块分割现象。例如，流域治理涉及水利、生态环境、农业农村等多个部门，协调难度大，导致治理效率低下。同时，跨区域生态补偿机制尚未健全，上下游协同治理动力不足。

④监管与执法能力有待提升。部分地区环境监管力量薄弱，基层生态环境部门人员和设备不足，难以实现精细化监管。此外，生态环境执法存在“一刀切”或“宽松软”现象，企业违法成本与守法成本倒挂问题仍未彻底解决。

⑤公众参与机制仍需完善。虽然公众环保意识不断增强，但参与渠道仍较有限，环境信息公开透明度不足。部分环保项目因公众沟通不畅引发邻避效应，影响工程落地。

1.2 生态环境重大工程实施经验

生态环境重大工程是整个国家重大工程项目的一部分，“十三五”规划纲要提出了“环境治理保护重点工程”和“山水林田湖生态工程”两大类重点工程。这些重点项目是在与《大气污染防治行动计划》、《水污染防治行动计划》、《土壤污染防治行动计划》、林业、国土、水利、农业等各专项规划衔接和各省（区、市）提供项目的基础上，经过严格筛选而确定的。在实施过程中，生态环境部把对环保工程项目的监管能力建设放在更加突出的位置，会同各部门、各地方，建立了重大项目储备库，开展了“十三五”环保专项资金和投资的顶层设计，对接发展改革委重大项目的计划调度工作机制，加强重大项目的统筹推进和管理。

但与“十三五”规划纲要的其他工程相比，生态环境重大工程的实施进度和效果存在一定差距。具体表现在以下 3 个方面：一是既往规划对重大工程的设计仍停留在概念阶段，无明确实施主体，无量化规模，无绩效数据，无投资数据及渠道；二是重大工程对规划目标和指标的支撑性与关联性缺乏系统测算，没有做到对工程规模、工程绩效、工程投资的量化；三是既往规划难以对重大工程进行分解落实和考核评估，导致规划落地实施的抓手不完备。针对上述问题，“十四五”生态环境重大工程的谋划设计需要进一步做实工程规模、投资，科学合理地确定绩效目标，进而有效解决规划落地性不强、综合效益说不清、实施考核内容不健全等问题。

1.2.1 工程谋划设计方面

“十四五”期间是我国全面建成小康社会的重要攻坚时期，也是我国生态文明建设压力叠加、负重前行的关键期。为了提供更多优质生态产品以满足人民日益增长的优美生态环境需要，在生态环境重大工程谋划设计方面，从突出环境问题出发，以战略目标为导向，突出“以人为本、系统施策、协同治理”的特点，开展了一系列重大专项工程的布局谋划与实施。如北方地区冬季清洁取暖试点、山水林田湖草生态保护修复工程等。

（1）问题导向设计——北方地区冬季清洁取暖试点

2018 年 7 月 3 日，国务院发布《打赢蓝天保卫战三年行动计划》。强化区域联防联控，成立京津冀及周边地区大气污染防治领导小组，建立汾渭平原大气污染防治协作机制，完善长三角区域大气污染防治协作机制。实施重点区域秋冬季大气污染综合治理攻坚行动。非石化能源消费比重达 14.3%，北方地区冬季清洁取暖试点城市由 12 个增加到 35 个，完成散煤治理 480 万户以上。

此类重大工程主要是从要素角度，针对重大的生态环境与民生问题，与相关部门紧密协作，根据供暖规划提出的工程，围绕工程资金、实施过程、效果可量化、可考核等角度开展工程实施与绩效评价。

（2）战略导向设计——山水林田湖草生态保护修复工程

生态保护修复工程是维护和提升生态系统功能和环境质量的重要手段，必须长期坚持、持续实施。自 2016 年以来，各地区深入贯彻落实“山水林田湖草是一个生命共同体”的理念，精心设计本区域生态保护修复工程项目，制定可量化、可考核的目标，并在体制机制方面大力探索创新，为山水林田湖草生态保护修复工程的全面开展提供了可借鉴的经验。

为贯彻落实党的十九大报告“实施重要生态系统保护和修复重大工程”的要求，支持影响国家生态安全格局的核心区域、关系中华民族永续发展的重点区域和生态系统受损严重、治理修复最迫切的关键区域开展生态环境保护及修复工作。中央各部门和各省（区、市）紧紧围绕“山水林田湖草是一个生命共同体”的理念，指导开展山水林田湖草生态保护修复工程试点工作，并引导各省（区、市）对具有典型性与重要性的本地生态系统，自主开展山水林田湖草生态保护和修复工作。在“十四五”期间，有必要在全国山水林田湖草生态保护修复工程试点的基础上，进一步总结经验模式，从而在各省（区、市）的生态保护修复工程实施中，深入贯彻落实“山水林田湖草是一个生命共同体”的理念，推广试点工程的成功经验和实践模式，全方位推进国土空间的生态保护修复。

1.2.2 工程实施管理层面

生态环境部高度重视“十四五”规划纲要、《“十四五”生态环境保护规划》有关重大工程实施保障工作，积极落实“十四五”规划纲要 102 项重大工程实施部际联席会议（以下简称“部际联席会议”）有关精神，高位推动生态环境领域重大工程实施和环评保障等相关工作，在建立健全部内机制的同时，推动各级生态环境部门积极实施一批、储备一批、谋划一批重大工程项目，有力推动生态环境重大工程落地见效。

（1）加强组织领导，成立重大工程实施领导小组

2022 年 5 月，生态环境部成立由部长黄润秋任组长、各领域分管副部长任副组长的推进“十四五”规划重大工程工作领导小组（以下简称“部领导小组”），下设办公室和水组、大气组、土壤组、固废组、核安全组 5 个工作组，积极协调解决工作推进过程中的问题，这是生态环境部首次就推进五年规划重大工程成立领导小组。建立部内重大工程工作沟通联络机制，各司局明确专人负责联络，确保政策传达到位，及时调度工程进展情况。部领导小组先后召开多次会议，及时传达部际联席会议精神，定期听取生态环境重大工程实施工作进展，安排部署下一步工作，研究解决危险废物、核与辐射应急等领域重大工程实施有关重要问题。

（2）加强顶层设计，建立谋划实施推进机制

2022 年 10 月，生态环境部印发《关于扎实推进“十四五”生态环境领域重大工程实施的通知》（以下简称《通知》），对标《“十四五”生态环境保护规划》要求，进一步明确“十四五”生态环境领域重大工程实施的工作任务和目标要求。探索建立生态环境重大工程统筹推进工作机制，协调推进重大工程项目谋划、融资、落地、成效评估。启动中央生态环境资金预储备项目清单编制试点工作，进一步提高资金使用的精准性。

“十四五”期间，首次建设重大工程项目台账管理系统，构建“国家—区域—省市”三级重大项目清单。该系统与国家发展改革委的重大建设项目库填报内容保持一致，并实现线上填报审核、动态更新项目信息的功能。各省（区、市）生态环境部门要根据任务清单，在《通知》下发后对本地区“十四五”专项资金支持并已经在实施项目、储备项目和谋划项目进行摸底，汇总梳理形成本地区“十四五”生态环境领域重大工程项目表，于 2022 年 10 月底前报送生态环境部，项目范围既包括国家重大建设项目库、中央生态环境资金项目储备库、生态环保金融支持项目储备库、国家气候投融资重点项目库等涉及的项目，还包括其他资金渠道支持项目和地方政府投资、社会投资相关项目。生态环境部按照任务分工研究制定重大工程项目筛选标准，筛选建立国家“十四五”生态环境领域重大工程项目台账，并对台账内项目实施编码管理。

加大宣传培训力度，组织召开全国“十四五”生态环境领域重大工程推进工作交流会，加强对地方重大工程实施的指导交流；积极组织地方生态环境部门和部内司局参加部际联席会议召开的各类培训，组织开展针对地方生态环境部门的大气、土壤污染防治等领域重大工程推进培训班，加强技术指导和业务培训。推动江苏、福建、广东、湖北等省份建立完善本地区“十四五”生态环境领域重大工程实施工作领导机制和调度体系，发挥示范带头作用。加强不同省份的经验交流，促进相互学习和共同提高。

专栏二　福建省以“项目工作法”推动重大工程实施

福建省生态环境厅坚持“任务项目化、项目清单化、清单具体化”，大力实施项目工作法，分类整治流域性、区域性、行业性污染，研究制定《福建省生态环境领域重大工程任务清单（2023—2025年）》，梳理细化80余项重点任务，强化项目跟踪督促机制，建立项目总台账和要素、地市分台账，实行一季度一调度、一通报、一协调，定期“晾晒”各地项目成效，压实属地责任。出台《关于推进生态环境治理项目产业化　促进“绿水青山”转化为“金山银山”的若干措施》，对纳入省级库的项目，优先给予项目审批、要素保障、资金支持等18条支持措施。2022年，福建省环保产业总产值超过2 200亿元，年增幅约6%，5家环保企业在国内主板上市，培育了绿色经济新增长点。“十四五”期间累计完成重点工程减排量氮氧化物为2.91万t、挥发性有机物为0.96万t、化学需氧量为5.76万t、氨氮为0.65万t，有力支撑了生态环境质量持续改善。

（3）加强任务分解和跟踪调度，准确掌握工程实施进展

积极做好重大工程任务分解，针对生态环境部牵头实施的“十四五”规划纲要5项重大工程细化制订任务分解方案，将各任务明确到具体的责任司局和责任人。定期开展重大工程实施情况调度，对于重大推进工作类工程，及时评估推进情况和实施效果；对于打捆项目类工程，积极做好项目分解，及时调度总体推进情况、工程总投资等情况；对于处于前期阶段的单体重大项目，加强可行性研究报告、立项批复、征地、项目初步设计、施工招标等全过程调度，督促其按照工

程时序进度，统筹做好各项工作。每季度研究形成“十四五”规划纲要5项重大工程进展情况报告并按要求报送部际联席会议办公室。对各级生态环境部门在填报审核重大项目过程中发现的问题和提出的意见建议，与部际联席会议办公室积极做好沟通协调，确保问题得到及时解决。

（4）加强要素和资金保障，切实保障重大工程实施

2022年5月，生态环境部发布《关于做好重大投资项目环评工作的通知》等文件，指导各省级生态环境部门依托环评审批“三本台账”，做好重大投资项目尤其是“十四五”规划102项重大工程的环评保障工作，提供从环评文件编制到环评审批的全过程精准服务，有力保障了项目落地。“十四五”时期以来，共召开铁路、煤炭、港口码头、水利水电等行业环评调度会45次，召开项目对接会464次，批复资源开发及基础设施重大项目环评文件120个，涉及总投资约2.1万亿元；共审批重大海洋工程建设项目4个，总投资约158.22亿元。先后批复白鹤滩—江苏、白鹤滩—浙江、金上—湖北等重大工程项目环评文件，同时积极做好新建核电项目环评文件的受理和审批工作。2023年12月18日，生态环境部发布《中央生态环境资金项目管理规程》等一系列文件，分领域出台污染防治资金管理办法，推动中央生态环境资金投入持续增长。指导地方通过申请金融机构贷款支持、引入社会资本参与等方式建立多渠道的项目实施资金筹措机制。

专栏三　江苏省加强环境基础设施保障

2022年1月，江苏省政府办公厅印发实施《江苏省“十四五”生态环境基础设施建设规划》，建立了生态环境基础设施重点工程项目库，围绕城镇污水处理、农村生活污水处理、工业园区废水处理、生活垃圾收运处置、危险废物与一般工业固体废物收贮处置利用、生态保护、清洁能源供应、生态环境监测监控、环境风险防控与应急处置等九大类环境基础设施，2022年共安排重点工程项目909项、累计投资900.92亿元。

2022年8月，江苏省政府召开全省生态环境领域基础设施建设推进会，省分管领导出席会议并讲话，省有关部门、各设区市政府分管负责同志参加会议。会议

通报了全省生态环境基础设施建设情况，并对下一步重点工作作出部署安排，要求省内各地市各部门切实提高思想认识，加快推进重点工程项目建设，强化服务保障，确保完成年度任务。

此外，江苏省在《江苏省国土空间规划（2021—2035 年）》中设置环境基础设施一节，留足环境基础设施建设空间，统筹解决环境基础设施落地难的问题。

1.3 标杆性重大工程的战略定位

1.3.1 标杆性重大工程的核心特征

标杆性重大工程是国家生态文明建设的战略性载体，其核心特征体现在功能定位的战略性、质量标准的引领性、创新驱动的系统性和社会影响的全局性四大维度。这些特征共同构成了其区别于常规环境治理项目的本质属性，也是其发挥示范引领作用的理论基础。

（1）功能定位：国家战略的具象化载体

①承载生态文明建设顶层设计

标杆性重大工程是习近平生态文明思想在实践层面的具体体现。以长江经济带“共抓大保护”工程为例，其直接对应《中华人民共和国长江保护法》中“生态优先、绿色发展”的立法精神，通过实施岸线修复、污染源整治等子项目，将“山水林田湖草沙是一个生命共同体”理念转化为可操作的工程单元。2021—2023 年，长江干流沿线 11 个省（区、市）累计完成生态修复面积 12.8 万 hm^2，水质优良断面比例从 2016 年的 82.3%提升至 2023 年的 97.1%，充分发挥了战略工程对宏观政策落地支撑作用。

②服务“双碳”目标实现路径

在碳达峰、碳中和背景下，标杆性重大工程正从单一污染治理向减污降碳协同增效转型。如国家能源集团“风光火储一体化”项目，通过整合 300 万 kW 风电、200 万 kW 光伏与火电灵活性改造，实现年减碳量 820 万 t，单位供电煤耗下降 15 g/（kW·h）。此类工程通过技术创新重构能源—环境系统耦合关系，成为低碳转型的关键抓手。

③支撑区域协调发展格局

跨流域、跨区域的重大工程正在重塑国土空间开发保护格局。黄河流域生态保护工程通过“上中下游差异化治理”模式，在上游实施水源涵养林建设（三江源地区累计造林 24 万 hm^2）、中游推进水土流失治理（黄土高原治理面积突破 5 万 km^2）、下游开展湿地生态补水（黄河三角洲年补水量达 3.6 亿 m^3），形成全流域协同治理样板。

（2）质量标准：全生命周期卓越性要求

①设计阶段的科学性基准

标杆性重大工程鼓励采用“多规合一”技术方法，建立“生态本底评估—环境容量测算—工程方案优化”三级设计标准。以雄安新区“千年秀林”工程为例，通过 GIS 空间分析划定生态敏感区，运用 LIDAR 技术进行树种适宜性评价，最终形成混交林比例≥70%、乡土树种占比≥90%的种植标准，确保工程设计与区域生态承载力相匹配。

②建设过程的全要素管控

推行“绿色施工认证体系”，涵盖资源消耗强度（单位投资能耗≤0.12 t 标煤/万元）、污染物排放限值（施工扬尘 PM_{10} 小时浓度≤80 μg/m^3）等多项关键指标。深圳茅洲河流域治理工程通过 BIM 技术实现施工误差控制在±3 cm，材料损耗率降低 18%，获评全球首个“SUC 可持续社区国际标准”认证项目。

③运维阶段的动态化考评

建立“监测—预警—调控”闭环管理体系。洱海保护工程部署了 586 个水质监测微站，运用 AI 算法实现蓝藻暴发 72 h 预警，配合生态调水系统（年调水量 2.5 亿 m^3）和沉水植物修复（覆盖率提升至 45%），使湖泊水质连续 5 年保持地表水环境质量Ⅱ类标准。

（3）创新引领：技术与管理双维突破

①技术创新的前沿性突破

污染治理技术迭代：在土壤修复领域，湖南长株潭重金属污染耕地治理项目研发“植物萃取—钝化联合技术”，使稻米镉含量达标率从 63%提升至 98%，修复成本降低 40%。

数字技术深度融合：江苏太湖治理工程构建“空天地一体化”监测网络，通过高光谱卫星（每周 1 次 0.5 m 分辨率监测）+无人船（日巡检测量 200 个点位）+AI 水质预测模型，实现藻类水华预测准确率达 92%。

②管理模式的范式变革

生态环境导向的开发（EOD）模式创新：重庆广阳岛生态修复项目通过“生态修复+文旅开发”组合实施，将废弃采石场转化为生态公园，吸引社会资本 12 亿元，带动周边土地增值超过 30 亿元。

全过程咨询体系：永定河综合治理工程引入“投资—建设—运营”一体化管理模式，通过政府与社会资本合作（PPP）合同约定水质改善与经营收益挂钩条款，实现政府年付费减少 15%的同时，将社会资本内部收益率（IRR）提升至 8.7%。

（4）社会影响：多元价值的协同实现

①经济效益的结构性重塑

标杆性重大工程通过产业链延伸创造新增长点。福建宁德海上养殖综合整治项目在清除违规渔排 12 万口的同时，引导渔民转型发展深海智能养殖网箱，带动海带、大黄鱼等产业产值增长 56%，户均年收入增加 4.2 万元。

②民生福祉的实质性提升

北方地区冬季清洁取暖试点累计改造散煤用户 2 500 万户，使 $PM_{2.5}$ 平均浓度下降 42%，呼吸道疾病就诊率降低 31%，直接改善 2.6 亿居民的生活质量。

③公众参与的机制化创新

建立“环境圆桌会议”“生态积分制度”等参与平台。浙江省“五水共治”工程通过“绿水币”App 吸引 230 万市民参与巡河，累计解决环境问题 12 万件，公众满意度达 91%。

1.3.2 当前存在的系统性矛盾

尽管标杆性重大工程取得显著成效，但在谋划机制、标准体系、保障措施等方面仍存在深层次矛盾，制约其战略功能的充分发挥。这些矛盾本质上是生态文明建设进程中制度供给与治理需求的结构性错配。

（1）谋划机制：顶层设计与基层实践的脱节

①战略规划与项目落地断层

规划科学性不足：部分省级在“十四五”生态环境保护规划中，重大工程与规划目标的定量关联度仅为32%，如某省规划提出“建设50个生态工业园区”，但未明确产业准入标准与减排目标。

需求响应机制缺失：基层项目库建设普遍存在“向上看齐”的倾向。2022年中央生态环境资金项目储备库中有63%的项目直接复制上级规划任务，仅17%的项目基于本地污染源解析结果设计。

②跨部门协同效率不高

标杆性重大工程涉及发展改革、生态环境、水利等部门职责交叉。审计署在2023年抽查发现，34%的流域治理项目因部门审批时序冲突导致工期延误，平均滞后期达9个月。典型案例为某跨省河道整治工程，因水利部门行洪论证与生态环境部门湿地保护要求冲突，方案反复修改耗时13个月。

③公众参与渠道虚化

现行环境影响评价制度中，公众意见采纳率不足15%。某化工园区搬迁工程在公示期间收到居民反对意见127条，但最终仅调整选址范围至2 km，引发群体性事件，导致项目延期2年。

（2）标准体系：技术规范与治理需求的失衡

①标准覆盖存在盲区

新兴领域标准缺失：新污染物治理领域尚无国家工程标准，地方实践中参数差异显著。如某省VOCs治理工程要求排放浓度≤50 mg/m^3，而邻省标准为80 mg/m^3，导致跨区域企业改造成本增加40%。

生态修复标准粗放：现行《山水林田湖草生态保护修复工程指南》中，73%的指标为定性描述，如“提升生态系统稳定性”，缺乏可量化阈值。

②标准衔接机制失效

环境工程国家标准与行业标准存在冲突。在某钢铁企业超低排放改造中，生态环境部门要求烧结机头烟气颗粒物≤10 mg/m^3，而工信部《钢铁行业规范条件（2015年修订）》允许值为20 mg/m^3，企业被迫重复投资改造，增加成本3 000万元/套。

③国际对标水平滞后

我国土壤修复工程成本仍高达 800～1 200 元/m^3，是欧美国家（地区）的 2～3 倍，主要原因是缺乏本土化技术标准。某重金属污染场地采用美国材料试验协会（ASTM）标准设计治理方案，导致过度修复面积达 35%，浪费资金 1.2 亿元。

（3）保障措施：政策工具与实施需求的错配

①资金保障结构性缺陷

财政投入不可持续：2023 年中央生态环境资金增长率降至 4.7%，低于居民消费价格指数（CPI）涨幅。某省重点流域治理项目因配套资金不到位，工程进度滞后 41%。

社会资本参与壁垒：环保项目平均回报率仅 5.2%，低于基础设施行业的平均水平（7.8%）。某 EOD 项目测算的财务内部收益率（FIRR）为 6.1%，但因土地开发收益分配机制不明，项目最终流标。

②监管能力建设滞后

技术监管手段不足：省级生态环境部门中，具备污染源自动监控数据分析能力的机构仅占 38%。某危险废物处置工程因未识别二噁英在线监测数据异常，导致超标排放 6 个月。

绩效考核形式化：现行工程验收标准中，76%的指标为“工程完成量”，仅 24%为“环境质量改善”的指标。某投资 15 亿元的污水处理厂建成后，因管网配套不足，实际处理负荷率仅 32%。

③风险防控体系薄弱

气候变化适应性不足：现有工程设计多基于历史气候数据，难以应对极端天气。2023 年，华北某生态补水工程因降水量骤减，实际补水量仅为设计值的 43%，导致湿地退化。

社会稳定风险评估缺失：重大工程社会稳定风险评估执行率仅 61%，某垃圾焚烧项目因未充分公示环评信息，引发万人联名反对，最终该项目被取消。

2 生态环境重大工程发展机遇

当前，生态环境重大工程项目小而散，缺乏强基础、增功能、利长远的标志性项目的前期研究与指导谋划，亟须探索谋建生态环境领域标杆性重大工程。本书通过重大工程案例分析，有助于进一步厘清重大工程的内涵和外延；探索建立标杆性重大工程标准，有助于为“十四五”期末和“十五五”期间谋建重大工程提供参考。

2.1 推动“十四五”规划落实的关键抓手

根据《国家发展改革委办公厅关于开展“十四五”规划102项重大工程实施情况中期评估的通知》（发改办投资〔2023〕121号）要求，需对重大工程实施情况进行专项评估，可见重大工程在推动“十四五”规划纲要落地见效方面具有重大贡献。在“时间过半，任务过半”的要求下，查找重大工程推进过程中存在的问题，开展标杆性重大工程项目建设与实施标准研究非常有必要。

通过31个省（区、市）“十四五”生态环境保护规划中期评估工作报告，从聚焦建立的工作推进机制、采取的创新性举措、具有参考借鉴价值的工作方法、项目实施取得的突出效果等方面，从省级、市级和具体项目重大工程3个维度，本书总结全国20个左右重大工程项目典型案例。基于这些案例研究标杆性重大工程的内涵和外延，明确其概念，提炼标杆性重大工程项目建设与实施标准。系统谋划后续工作，在研究过程中，对照重大工程总体目标任务，坚持目标导向和问题导向，细化实化“十四五”后半程主要工作方向，包括工作推进、项目分解、要素保障、拟采取的重大举措，有针对性地提出推进“十四五”后半程实施的政策建议，为积极做好“十四五”前半程重大工程经验总结和后半程谋建一批标杆性重大工程项目提供思路。

2.2 谋划“十五五”标杆性重大工程项目的战略基础

结合“十五五”规划思路研究，以及标杆性重大工程建设与实施标准，谋划“十五五”生态环境领域重大工程，提出生态环境领域重大工程实施的总体目标与推进思路。结合“十四五”前半程重大工程经验总结，以及“十四五”后半程谋建标杆性重大工程项目的尝试，聚焦京津冀、长江经济带、粤港澳大湾区、长三角、黄河流域等国家重大战略区域，在绿色低碳转型、减污降碳协同创新、生态保护与修复等关键领域，谋划一批跨区域、跨流域、多要素协同的重大工程，为更好编制“十五五”生态环境保护规划提供工程借鉴。

2.3 支撑美丽中国建设的实施路径

近年来，党中央、国务院部署了一系列生态环境重大工程，以大工程带动大治理，有力推动生态环境质量改善和污染减排目标的实现。实践证明，推动生态环境重大工程建设是实现生态环境保护规划目标的关键路径和重要抓手。2023年12月，中共中央、国务院印发实施《关于全面推进美丽中国建设的意见》，聚焦美丽中国建设的目标路径、重点任务、重大政策，提出具体行动举措，将实施重大工程作为健全美丽中国建设保障体系，明确要求加快实施减污降碳协同工程、环境品质提升工程、生态保护修复工程、现代化生态环境基础设施建设工程。

根据国家“十四五”生态环境领域重大工程项目台账管理系统数据，自“十四五”以来，全国各地共填报1.4万余个重大工程项目，总投资约2.5万亿元。从

“十四五”生态环境领域重大工程中期评估结果来看，通过实施钢铁超低排放改造、污水处理设施新改扩建、再生水循环利用等大气、水污染物重点减排等重大工程，有效推动了主要污染物排放持续下降。通过重大工程实施补齐了水、大气、固体废物污染防治等方面基础设施短板。环保装备制造业产业规模持续壮大，对绿色环保产业的贡献和拉动作用明显增强，扩大了生态环境领域有效投资，有力促进了稳投资、促增长。促进了产业结构、能源结构、交通结构优化调整，推进绿色低碳发展转型，推动重大国家战略区域生态环境保护工作落地见效。在减污降碳方面，启动了两批清洁生产审核创新试点项目，提升监管能效，探索行业减污降碳协同增效新模式，通过推进大气污染防治重点区域散煤清零任务，推动能源结构优化调整和行业污染物减排。围绕水环境、土壤、核与辐射等多个领域，制定了环境风险评估和管理制度，严防环境事故发生。

当前，生态环境重大工程项目的谋划设计和管理还存在一些问题：一是自上而下的重大项目谋划尚未充分显现；二是自上而下的工作机制有待完善，合力推进格局尚未形成；三是缺乏对生态环境重大标杆（示范）工程的全面评估总结和宣传推广。2024 年 3 月，生态环境部部长黄润秋在全国政协十四届二次会议第三次全体会议上提出，要坚持全国“一盘棋”，分阶段、有计划地推进先行区建设，要处理好高水平保护与高质量发展关系，发挥标杆示范、带动引领作用，在美丽中国先行区重点开展先行探索与创新实践。以推进美丽中国先行区建设为契机，将重大工程实施作为美丽中国先行区高质量发展的重要路径和抓手，在先行区率先启动生态环境领域重大工程专项规划编制工作，建立并完善重大工程推进工作机制，精心谋划、储备、实施一批重大工程，总结成功做法和有效经验，形成标杆示范和带动引领。这不仅有利于高起点建设美丽中国先行区，也对加快推进美丽中国建设具有重要意义。

3

相关理论体系

3.1 跨学科理论融合

生态环境重大工程设计是系统、综合的分析过程，需以生态学、经济学、社会学、系统论等学科理论为基础开展研究，涉及生态政策、生态补偿、生态成本收益分析和生态工程的系统设计等方面。国内外学者也对上述领域开展了相关研究。在生态工程的系统设计方面，陈蓬提出：①重大生态工程的设计必须考虑政府宏观调控和优惠政策扶持；②管理机制的运行需有一系列政策、法规作保障；③系统设计需协调各子系统与要素间的相互作用以实现系统有效运行。卢兵友等认为，生态工程设计以经济学、生态学、社会学原理为指导，最终实现三大效益统一的目标。徐国祯指出，以协调人类社会与生态系统之间的关系为目的的生态管理是生态工程设计中不可缺少的环节。在生态政策方面，Hayami 认为（生态相关）政策以其激励与约束机制效果明显的特点成为协调经济社会发展与生态环境建设的有力手段。周英男等从广义的“环境政策”概念出发，将生态政策定义为国家为保护生态环境所采取的一切控制、管理、调节措施的总和。曹世雄等提出，生态政策设计的核心在于利用政府行政管理能力、市场机制和经济增长机遇改善环境。生态补偿方面，Landell-Mills 等认为生态补偿是任何有助于提升自然资源管理效率的经济刺激机制，主要理论为福利经济说、产权经济说、利益博弈说和社会公义说等。目前，国内外学者主要聚焦于生态补偿的机制、政策、模式、标准及其与生态建设关系的研究，而国内生态补偿在产权确定、责任履行、执行效率、可持续性和社会公平等方面与国外相比尚有一定差距。在生态成本收益分析方面，重大生态工程的成本收益分析难点在于对社会性规制收益的评估。孟祥君认为，社会性规制的核心在于责任与道德，具有抽象、隐性的特征，因而收益难以用货币价值测算，需分为经济性收益和社会性收益，并分别以货币单位和物理单位标准分类评估。

3.2 生态环境重大工程实践理论

生态环境重大工程是生态环境保护工作的重要抓手，也是生态文明建设的伟大实践，实现了生态意识文明、生态行为文明、生态制度文明和生态产业文明的有机结合。通过大力实施重要生态系统保护和修复重大工程，全面加强生态保护和修复工作，全国森林、草原、荒漠、河湖、湿地、海洋等自然生态系统状况实现了根本好转，生态系统质量明显改善，优质生态产品的供给能力基本满足了人民群众的需求，人与自然和谐共生的美丽画卷基本绘就。生态文明建设的关键是处理好人与自然的关系，使经济社会发展建立在资源能支撑、环境能容纳、生态受保护的基础上，实现青山常在、绿水长流、空气常新。让人民群众在良好的生态环境中生产生活，这正是生态环境重大工程谋划设计的出发点和工程实施的落脚点。

2023 年 7 月，习近平总书记在全国生态环境保护大会上指出，“生态文明建设从理论到实践都发生了历史性、转折性、全局性变化，美丽中国建设迈出重大步伐”，开启“4561”生态文明建设新里程。大会中提出的四个“重大转变”充分证明了习近平生态文明思想的真理力量和实践伟力，凸显了历史和现实相贯通、理论和实践相结合、国内和国际相关联的鲜明特征，彰显了新时代生态文明建设从理论到实践发生的历史性、转折性、全局性变化。四个“重大转变”相互关联、相辅相成、相得益彰，构成有机统一的整体。“十三五”期间，生态环境重大工程的设计理念逐步从局部和分散的工程向目标化、整体化、系统化的综合治理工程转变，以重点实施水、大气、土壤三大污染防治行动计划为抓手，推进工业污染源全面达标排放等十一项重点工程。该阶段，国家层面重大工程的设计可称为“污染全过程治理”，强调污染物治理过程与生态环境的整体性和系统性，强调环境质量改善的目标导向。“十四五”期间，考虑按照系统工程的指导思想，以解决损害群众健康的突出生态环境问题为重点，以“十四五”规划目标指标为导向，针对质量改善、风险防范、生态系统保护、基础能力建设等主要方面开展重大工程框架设计，采取政策资金引导、社会资本投入为主的模式，以大工程、大投入带动大治理，将重大工程作为规划实施落地的重要抓手，通过工程项目的实施管理实现对规划实施的跟踪管理、持续推进和绩效考核。生态环境重大工程项目的衍生，特别是污染治理工程，经历了从简单到复杂、从落后到先进、从局部到全面、从分散到集中的发展历程。生态环境保护重大工程谋划设计、绩效目标、主要任务、工程规模、实施管理等高度契合“4561”生态文明建设新里程，全面助力实现“生态环境根本好转，美丽中国目标基本实现”目标。生态环境重大工程是贯彻落实党的二十大重大战略部署，瞄准今后5年和2035年美丽中国建设目标做出的重大战略安排。

4 标杆性重大工程项目建设标准研究

标杆性重大工程项目建设标准充分借鉴“十三五”与“十四五”期间已实施项目的成功经验，紧密结合党和国家“五位一体”总体布局要求，立足现阶段我国生态环境保护迫切需求，深刻洞察当前生态环境攻坚克难的首要目标，聚焦补齐生态短板、管理与科技创新、生态环境综合效益三方面重点，实现为生态环境重大工程树标杆、建标准的目标，为“美丽中国”建设提供有力支撑。

在标杆性重大工程项目建设与实施标准制定过程中，重在树标杆、强引导，针对生态环境领域标杆性重大工程项目，从全局性、系统性、基础性和战略性维度统筹谋划，坚持问题导向、需求导向和战略导向相结合，兼顾工程建设类“硬”工程和政策制度类“软”工程，统筹谋划，整体策划，多措并举，全方位、宽领域、多层次开展生态环境重大工程项目实施。

4.1 生态短板精准识别标准

生态环境问题是经济社会系统内部矛盾的外部表现。生态环境重大工程不仅要治理生态环境污染及生态退化，还要解决诱发生态环境问题的经济社会系统内部矛盾。标杆性重大工程聚焦当前生态短板问题，首先要落实中央生态环保督察要求，聚焦社会广泛关注、群众高度关切的突出生态环境问题，特别是长期想解决而未能解决的“硬骨头”“老大难”问题，切实增强人民群众在生态环境方面的获得感、幸福感、安全感。其次是关注省级重大评估项目中的弱项，针对规划、实施、评估过程中出现的问题和社会发展的新形势进行重大工程设计思路的调整和创新。最后是通过污染防治攻坚战的地区画像，重点落实各地区与长远发展需要的重大工程，大力推进蓝天、碧水、净土提升攻坚战，落实生态环境质量改善和污染防治攻坚战目标任务。

4.1.1 落实中央生态环保督察要求

中央生态环保督察工作重点突出、导向清晰。开展中央生态环保督察，深入贯彻落实习近平生态文明思想，是党中央、国务院推进生态文明建设的一项重大制度安排，也是一项重大改革举措，是推动区域重大战略深入实施的有力支撑，旨在促进经济社会发展绿色低碳转型，推动生态环境质量明显改善、美丽中国建设取得显著成效。

党的十八大以来，中国在世界生态文明演进过程中扮演着日益重要的引领角色。中国以年均 3%的能源消费增速，支撑了平均 6.6%的经济增长，成为全球大气质量改善速度最快的国家；全国地表水优良断面比例达到 84.9%，已接近发达国家水平。生态环境领域的一系列成就表明，中国在探索人与自然和谐共生的现代化道路上积累了丰富的治理经验。其中，中央生态环保督察是生态文明建设和体制改革的重大制度创新，是推动生态文明建设实现历史性变化的关键制度保障。党的二十大报告再次强调要“深入推进中央生态环境保护督察”。作为一项重要的制度创新，中央生态环保督察引发了学术界针对督察制度本质及其发展路径等一系列问题的研讨和论辩，推动了国家治理知识体系的拓展与深化。总体而言，中央生态环保督察制度向纵深发展的实践，已成为驱动新时代中国式环境治理现代化经验研究的关键力量。中央生态环保督察制度经过多年实践探索和发展完善，已逐步形成相对独立的制度逻辑。

一是中央生态环保督察制度已形成由自上而下的权力控制、自下而上的责任反馈和去中心化的信息聚合三大机制构成的制度运行逻辑体系。

二是在中央生态环保督察制度运行的逻辑体系中，内部形成了两条相互作用、相互制约的正反馈机制和负反馈机制。正反馈机制以权力控制为出发点，中央政府通过中央生态环保督察对地方政府的环境治理结构进行调整。通过信息聚合，提升制度和权力主体的合法性，实现有效治理。负反馈机制以责任反馈为出发点，地方政府在落实治理责任时，可能面临政治与行政的压力过大，会产生“虚假整改”等无效治理现象。通过信息聚合，无效治理现象能够弱化制度和权力主体的合法性。由于负反馈机制的存在，正反馈机制不能脱离负反馈机制的影响而产生对权力控制的路径依赖。此外，因为负反馈机制再次被整合于正反馈机制的运行过程，所以不影响正反馈机制产生制度有效性。

三是从中国式环境治理现代化的制度路径和价值目标关系角度来看，国家环境治理体系不再以有效性与合法性的时空分离为前提。相对于“以有效性累积合法性”的一般路径，具备正反馈和负反馈机制的中央生态环保督察制度，开创了合法性与有效性“同置”的新路径，提升了制度认同性和稳定性，丰富了中国式环境治理现代化的权力制约监督模式。中央生态环保督察的制度逻辑体现了生态、民生福祉与高质量发展的一致性，更加契合新时代中国式环境治理现代化的内在需求。就中央生态环保督察制度的地位和功能而言，它已成为实现中国式环境治理现代化的重要制度手段。

绿水青山就是金山银山。近年来，得益于中央生态环保督察，一批违法违规项目被叫停，一批生态环境重大工程项目得以实施，一批传统产业实现优化升级，一批绿色生态产业加快发展，有力地推动了产业结构转型升级和经济高质量发展。安徽省马鞍山市综合整治长江岸线，实现了从“滨江不见江”到“城市生态客厅”的美丽蝶变，整改工作有力地促进了产业转型升级；云南省大理白族自治州以问题整改为切入点，推动洱海高水平保护和流域高质量发展，周边百姓借助生态旅游等产业增收致富。实践证明，中央生态环保督察是推动经济高质量发展的强大动力。

中央生态环保督察制度是习近平生态文明思想的重大原创性成果和制度性保障。自 2015 年建立以来，该制度已实现对 31 个省（区、市）和新疆生产建设兵团的两轮督察全覆盖，在第二轮督察中还将国务院 2 个部门和 6 家中央企业纳入督察范围。在中央生态环保督察的有力推动下，甘肃祁连山国家级自然保护区生态破坏、陕西秦岭北麓西安境内违建别墅、青海木里矿区非法开采、吉林长白山违建高尔夫球场及别墅等问题得到了基本解决，有效推动了生态文明建设的压力传导和责任落实，同时也促使一批生态环境重大工程得以顺利落地实施。

生态环境领域标杆性重大工程谋建与实施，应充分结合中央生态环保督察工作要求，紧紧围绕经济社会发展大局进行思考、谋划和推进。聚焦京津冀协同发展、长江经济带发展、粤港澳大湾区建设、长三角一体化发展、黄河流域生态保护和高质量发展等区域重大战略，严格落实生态环境保护要求，重点谋划标杆性重大工程，使督察成为推动生态环境重大工程高质量发展的有力抓手。

新时期中央生态环保督察从此前"紧盯"一个个省份进行督察转变为统筹开展流域督察和省域督察，这是中央生态环保督察的一个重大创新。主要表现在两个方面：一方面，关注长江经济带等区域政策衔接、区域协调、机制建设等流域性整体性问题，以及环境基础设施短板、生态破坏、农业面源污染、大气污染防治、固体废物尤其是建筑垃圾违规处置、"三磷"污染等共性问题；另一方面，注重结合各省（区、市）经济社会发展、自然资源禀赋、生态安全定位，找准各省（区、市）的突出问题。

从理念来看，中央生态环保督察将更加注重流域、省域协同治理。坚持从全局谋划，将区域重大战略中的生态文明建设和生态环境保护情况总体纳入督察范畴。这既要着力推动解决长江经济带各省（市）共性问题，又要协调国家有关部门进一步完善相关政策法规。

从方式方法来看，中央生态环保督察将更加注重从宏观、中观层面发现问题。各督察组将站在全流域督察的角度，重点发现在机制落实、制度实施等方面"上中下游不协调"的问题和不足，力求从更高层面、更大范围、更深层次上查找长江经济带整体性、普遍性、关键性问题。

落实中央生态环保督察要求，谋划标杆性重大工程，聚焦国家重大战略区域，将其作为促进区域重大战略深入实施的有力支撑。协同推进经济高质量发展与生态环境高水平保护，加快区域产业结构协调联动优化，推动各省（区、市）因地制宜发展新质生产力，努力通过生态环境领域标杆性重大工程，将所在区域建设成为生态更优美、交通更顺畅、经济更协调、市场更统一、机制更科学的生态经济区。

落实中央生态环保督察要求，谋划标杆性重大工程，要将其作为推进美丽中国先行区建设的生动实践。突出长江经济带区域性、整体性协作，打造绿色发展高地，建设人与自然和谐共生的绿色发展示范带。同时，注重推动各省（区、市）立足区域功能定位，发挥自身特色，谱写美丽中国建设的省域篇章。

通过中央生态环保督察，谋建标杆性重大工程，让流域上中下游多地、多部门联动的机制更好地建起来、用起来，推动各地将统筹长远规划、系统谋划与综合治理相结合，以局部的重点突破带动整体的全面提升，以高品质生态环境支撑高质量发展。

4.1.2 重点谋划省级重大工程项目评估弱项

2021 年 12 月，国务院印发《“十四五”生态环境保护规划》，为扎实推动“十四五”生态环境领域重大工程实施，生态环境部会同有关部门、相关司局、各省份对有关重大工程实施情况开展了效果评估。省级生态环境部门也分别对“十四五”生态环境领域重大工程实施情况进行了全面评估。

标杆性重大工程谋划工作应坚持系统推进、久久为功的生态环境保护理念，一方面，要延续各省级生态环境重大工程的有效做法；另一方面，要补足弱项，针对规划、实施、评估过程中出现的问题和社会发展的新形势，进行重大工程设计思路的调整和创新。标杆性重大工程谋划与实施，将进一步完善重大项目储备库建设和管理，强化项目推进机制，加强项目监管机构和支撑队伍建设。

在对项目的评估中发现，目前重大工程尚存在以下问题：①重大工程谋划设计和推进力度有待加强。在环境应急能力和生态环境智慧感知监测能力建设工程方面，尚未明确建设方案和布局，建设进度相对滞后。在重点行业挥发性有机物（VOCs）治理重大工程方面，我国 VOCs 源头控制压力大，目前我国工业涂料中水性、粉墨等低 VOCs 含量涂料使用比例远低于欧美发达国家（地区）水平，亟需进一步加大科技创新力度，寻找源头替代产品。②缺乏系统的重大工程专项规划。生态环境重大工程的实施涉及生态环境保护的方方面面（如污染治理、生态保护、应对气候变化、核与辐射安全等）；管理过程涉及项目谋划、前期准备、审核储备、组织实施、绩效管理等多个环节；推进实施过程中涉及多个部门（如自然资源、住房和城乡建设、水利、农业农村等），因此需要有关专项规划明确未来一个阶段生态环境重大工程的投资方向、不同环节的管理要求等。目前，“十四五”

生态环境领域重大工程任务大多在相关规划专栏中予以明确，但较为分散且缺乏系统性，部分项目在规划阶段实地考察调研不深入，技术路线缺乏科学论证，部分工程分解落实到具体项目不到位，导致在实施过程中与规划要求有较大差距。③资金与用地要素保障仍存在短板。生态环境治理工程项目往往具有投资收益低、运维费用高的特点，主要依靠政府投入。由于经济下行压力增大，各地资金缺口较大，一些项目在中央资金下达到位后配套资金难以足额到位，金融资本等社会资本进入的政策和路径不够清晰，社会资本作用未能有效发挥，如少数企业因土壤污染源头管控项目收益较低导致项目建设主动性不高。部分省份用地指标紧张，项目选址难度大，且涉及土地征收及房屋拆迁等问题，工程复杂，论证困难，影响后续建设进度。

标杆性重大工程要针对上述省级评估弱项内容重点谋划，从标杆性重大工程的系统规划、推进力度、保障措施方面建立标准，弥补省级重大工程评估弱项，从顶层设计弥补弱项，逐步建成系统、完善的生态环境重大工程体系。

4.1.3 填补省级污染防治攻坚战成效考核不足

为了贯彻落实习近平生态文明思想，坚决打赢污染防治攻坚战，确保生态环境质量总体改善，根据《中共中央 国务院关于全面加强生态环境保护 坚决打好污染防治攻坚战的意见》和中央有关规定，省级相关部门结合实际认真贯彻落实攻坚战考核任务。省级考核工作坚持问题导向、突出重点，针对突出的生态环境问题，围绕污染防治攻坚战目标任务设置考核指标，狠抓重点领域和关键环节；坚持人民认可、客观公正，规范考核方式和程序，充分发挥社会监督作用；坚持结果导向、注重实效，以考核促进生态环境质量改善和相关工作落实，压实生态环境保护责任。

站在新的起点，习近平总书记作出“坚持精准治污、科学治污、依法治污，保持力度、延伸深度、拓展广度，深入推进环境污染防治，持续改善生态环境质量”的重要指示，提纲挈领指明污染防治攻坚的基本原则和方法路径。深入打好污染防治攻坚战拥有习近平生态文明思想的科学指引、新时代奠定的坚实基础、全社会广泛的共识，与高质量发展同频，与建设中国式现代化相契合，一定能够不断取得新的更大成效。

深入打好污染防治攻坚战是建设美丽中国的必然选择、关键举措。在全面贯彻党的二十大精神开局之年，习近平总书记于2023年7月出席全国生态环境保护大会并发表重要讲话，对持续深入打好污染防治攻坚战作出重要部署，指引激励我们强定力、强信心，巩固来之不易的成果、保持持续改善的势头，以更高标准打好标志性战役。

我国细颗粒物（$PM_{2.5}$）平均浓度从2015年的46 μg/m^{3}降至2022年的29 μg/m^3，成为世界上空气质量改善最快的国家。地表水优良水体比例达到87.9%，长江干流、黄河干流历史性地全线达到Ⅱ类水质；以年均3%的能源消费增速支撑年均超过6.6%的经济增长，碳排放强度累计下降超过35%。一系列历史性成就和变革再次印证了习近平生态文明思想蕴含的真理光辉和实践伟力。

我国生态文明建设仍处于压力叠加、负重前行的关键时期，同时也正处于巩固成果、扩大成效、整体推进、标本兼治的攻坚期，纵深推进污染防治攻坚任务依然艰巨。从发展阶段来看，生态环境保护工作结构性、根源性、趋势性压力尚未得到根本缓解，资源压力较大，环境容量有限，生态系统脆弱，环保历史欠账尚未还清。从产业结构来看，工业化、城镇化仍处于深入发展阶段，产业结构偏重、能源消费偏煤、能耗强度偏高，产业和能源结构绿色低碳转型任务艰巨，农业面源污染尚未得到有效治理，污染物和碳排放总量仍在高位。从环境指标来看，2024年前三季度，地级及以上城市平均空气质量优良天数比例同比下降1.5个百分点，平均重度及以上污染天数比例同比上升0.9个百分点，$PM_{2.5}$平均浓度同比上升3.7%，这表明环境质量持续改善的基础尚不稳固。

破解这些难题，必须始终坚持以习近平生态文明思想为指引，从新时代的历史性成就和变革中汲取智慧和力量，充分认识生态环境保护的长期性、复杂性、艰巨性，聚焦重点、突破难点。要进一步优化攻坚路径，加快推动能源、产业、交通运输结构调整，加强生态环境分区管控，更加注重综合治理、系统治理、源头治理。要进一步拓宽攻坚领域，围绕蓝天、碧水、净土保卫战，实施重污染天气消除等标志性战役，强化应对气候变化、生物多样性、新污染物等更广泛领域的治理工作。要进一步强化攻坚举措，综合运用行政、市场、法治等手段，加大政策保障、提高科技供给、加强多元投入、强化正向激励、严格监督考核，构建大环保工作格局，努力让祖国天更蓝、地更绿、水更清，让万里河山更加多姿多彩。

习近平总书记在《以美丽中国建设全面推进人与自然和谐共生的现代化》这

篇重要文章中，就持续深入打好蓝天、碧水、净土保卫战作出了具体部署。

蓝天保卫战是攻坚战的重中之重。要以京津冀及周边、长三角、汾渭平原等重点区域为主战场，优化调整产业结构、能源结构、交通运输结构，大力推进挥发性有机物、氮氧化物等多污染物协同减排，持续降低细颗粒物浓度。强化源头治理，因地制宜采取清洁能源、集中供热替代等措施，继续抓好散煤、燃煤锅炉、工业炉窑污染治理。高质量推进钢铁、水泥、焦化等行业超低排放改造，持续降低重点行业污染物排放。大力推进“公转铁”“公转水”，尽可能提高铁路运输、水运比例以降低运输业的能耗和污染。要下大气力解决老百姓“家门口”的噪声、油烟、恶臭等问题，积极回应人民群众关切。要加强区域联防联控，采取综合措施，加快消除重污染天气，守护好美丽蓝天。

碧水保卫战要促进“人水和谐”。统筹水资源、水环境、水生态治理，深入推进长江、黄河等大江大河和重要湖泊保护治理。扎实推进水源地规范化建设和备用水源地建设，保障好城乡饮用水安全。加快补齐城镇污水收集和处理设施短板，因地制宜开展内源污染治理和生态修复，基本消除城乡黑臭水体并形成长效机制。建立水生态考核机制，加强水源涵养区和生态缓冲带保护与修复，保障河湖生态流量，维护水生态系统健康。继续抓好长江十年禁渔措施落实，做好跟踪评估。坚持陆海统筹、河海联动，持续推进重点海域综合治理。以海湾为基本单元，“一湾一策”协同推进近岸海域污染防治、生态保护修复和岸滩环境整治，不断提升红树林等重要海洋生态系统的质量和稳定性。继续抓好美丽河湖、美丽海湾建设。

净土保卫战重在强化污染风险管控。开展土壤污染源头防控行动，既要防止新增污染，又要逐步解决长期积累的土壤和地下水严重污染问题。要加强固体废物综合治理，加快“无废城市”建设，全链条治理塑料污染，持续推进新污染物协同治理和环境风险管控。深化全面禁止“洋垃圾”入境成果，严防各种形式的固体废物走私和变相进口。统筹推动乡村生态振兴、农村人居环境整治，有力防治农业面源污染，建设美丽乡村。

2020 年，中共中央办公厅、国务院办公厅印发《省（自治区、直辖市）污染防治攻坚战成效考核措施》（以下简称《考核措施》）。《考核措施》坚持以习近平生态文明思想为统领，紧扣全面建成小康社会目标，对污染防治攻坚战成效考核工作进行了全面部署，充分体现了党中央、国务院坚决打赢污染防治攻坚战的坚强意志和坚定决心，将为全面加强生态环境保护、持续改善生态环境质量、推进美丽中国建设提供强大政治保障。《考核措施》立足打赢污染防治攻坚战目标和实际，突出精准治污、科学治污、依法治污，明确了考核工作的总体要求、关键环节、重点任务以及相关机制安排，具有很强的针对性、科学性和可操作性。《考核措施》明确了污染防治攻坚战成效考核内容主要包括党政主体责任落实情况、生态环境保护立法和监督情况、生态环境质量状况及年度工作目标任务完成情况、资金投入使用情况和公众满意程度 5 个方面，并分别设立了相应的考核指标。考核内容和考核指标主要关注污染防治攻坚战工作实绩，重点突出人民群众的生态环境获得感，并根据常态化疫情防控要求设置了生态环境保护相关考核内容。

标杆性重大工程谋划工作应结合省级攻坚战成效考核结果，在全面回顾各地区生态环境质量变化过程的基础上，分析不同区域、不同要素的质量改善程度及目标。结合党和国家“五位一体”建设的要求，在“十四五”期间，对于生态环境未能实现稳定改善的区域，以生态环境问题为导向，在全面客观分析的基础上，开展污染减排与环境治理工程系统设计与实施。同时，为服务党和国家“生态文明建设”，实现“美丽中国”的战略目标，结合区域社会经济发展水平，以战略目标为导向，多措并举，强化多领域协同施策。结合“十四五”前期研究的初步结论，在水、大气、土壤、生态等重点要素领域凝练提出重大工程设计的方向。

4.2 管理科技创新标准

环境保护的复杂性催生了科技创新，而这种创新可能不仅仅是某单个技术的突破，现阶段更多地体现在解决复合型问题的能力上。标杆性重大工程更应重视运用先进的项目管理理念与科技创新成果。在今后生态环境重大工程的成熟发展阶段，将管理和科技有效融合尤为重要，如数字化全过程管理技术的应用等。

4.2.1 管理模式创新

4.2.1.1 全面筛选构建国家生态环境重大工程项目储备库

重大工程项目储备库建设建议按照以下方式进行筛选：①围绕国家生态环境重大工程任务清单，梳理自 2020 年以来已纳入国家重大建设项目库、中央生态环境资金项目储备库、生态环保金融支持项目储备库和国家气候投融资重点项目库等储备库的入库项目，筛选与任务清单类别相关的、2020—2025 年实施的、总投资在 2 000 万元及以上的、中央财政支持比例在 50%及以上的生态环境治理类单体项目。②各省（区、市）填报的“十四五”生态环境领域工程项目表中其他资金渠道支持项目和地方政府投资、社会投资等的 2020—2025 年已完成或在（拟）建的、总投资在 1 000 万元及以上的生态环境治理项目或总投资在 500 万元及以上环境基础设施和生态环境能力建设项目。在完成以上项目筛选的基础上，梳理出储备库项目清单。③按照分类建设原则，建立包括生态环境治理类及环境基础设施和生态环境能力建设类在内的生态环境重大工程项目储备库。生态环境治理类以大气污染减排、水污染防治和水生态修复（含地下水）、土壤污染防治与安全利用、农村环境综合整治与农业污染防治工程、医废危废处置和固废综合利用等为主，环境基础设施和生态环境能力建设类以环境应急处置能力建设、生态环境监测预警预报能力建设、生态环境执法监管能力建设等为主。

2023 年 1 月，生态环境部初步确定了“十四五”生态环境领域重大工程项目筛选标准，具体如下所述。

（1）筛选思路

按照指导地方填报、建立基本台账、建立调度台账“三步走”的思路，逐步筛选，动态更新。

①指导地方填报。在不增加地方负担的前提下，指导地方能报尽报，确保地方填报的工程项目表保持统一体例、统一架构，充分反映地方生态环境重大工程项目建设需求。梳理各省份报送的重大工程项目表，针对地方项目表填报方式、填报格式、填报内容等方面存在的问题，分片区与地方沟通对接、达成共识，减少错填、漏填，明确各项目的牵头部门、实施方式、工作进度等精准信息，汇总整理形成全国生态环境重大工程项目表，并将汇总的项目表和项目筛选参考标准征求相关司局意见。

②建立基本台账。充分研究并采纳相关司局意见，重点从项目内容符合性和项目规模符合性两个方面研究确定重大工程项目的筛选标准。根据筛选标准对地方报送的项目表进行筛选，建立基本台账，定期开展调度评估，动态更新。

③建立调度台账。在基本台账的基础上，充分考虑项目重要性、项目实施进

展、省际平衡等因素，进一步筛选一批重中之重的项目，提高调度频次。其中，生态环境部牵头实施的“十四五”规划102项重大工程项目已全部纳入调度台账；生态环境部牵头实施的“十四五”生态环境保护重大工程项目，重点关注处于实施阶段和储备阶段的项目，优先筛选一批规模较大的项目纳入调度台账。

（2）筛选原则

项目内容符合性。纳入台账的项目，应重点来源于“十四五”规划纲要、《“十四五”生态环境保护规划》及其专项规划明确的生态环境重大工程，能够实现对“十四五”生态环境保护、深入打好污染防治攻坚战的精准支撑，促进生态环境质量改善，提升生态环境治理能力。已经纳入国家重大建设项目库、中央生态环境资金项目储备库、生态环保金融支持项目储备库和国家气候投融资重点项目库的项目，或执法检查发现需要整改的典型项目，且项目规模达到筛选标准的，直接纳入台账管理。

项目规模符合性。参照《中央生态环境资金项目储备库入库指南（2021年）》《生态环保金融支持项目储备库入库指南（试行）》的要求，结合地方工程项目填报实际情况，分类明确纳入台账的重大工程项目规模要求。

（3）纳入基本台账的项目筛选标准

1）关于生态环境部牵头实施的“十四五”规划102项重大工程项目筛选标准。

对任务清单编号为1～7的工程项目，严格按照102项重大工程明确的重点区域、重点行业、重点湖库判定项目内容符合性。例如，“2.挥发性有机物（VOCs）综合治理工程”明确开展石化、化工、涂装、医药、包装印刷等重点行业VOCs工艺过程、无组织排放、末端治理改造提升，开展油品储运销环节的油气深度治理，如地方填报的挥发性有机物综合治理工程具体建设内容为非上述重点行业的其他行业，则纳入“20.其他生态环境治理重大工程”。

经判定属于生态环境部牵头实施的“十四五”规划102项重大工程的项目，不设项目规模准入要求，全部纳入基本台账管理。

2）关于生态环境部牵头实施的“十四五”生态环境保护重大工程项目筛选标准。

①生态环境治理类。

对任务清单编号为8～20的工程项目，放宽项目内容符合性的判定要求，重点对项目规模符合性进行判定。参照《中央生态环境资金项目储备库入库指南（2021年）》中大气污染防治项目、水污染防治项目、土壤污染防治项目、农村环境整治项目不予入库的情形，对纳入台账的项目规模提出参考的准入门槛，即除大气污染防治相关工程治理类项目总投资额不低于200万元与新污染物治理能力建设和减排工程不低于100万元以外，其他重大工程项目总投资额不低于1 000万元（表4-1）。

表4-1 生态环境治理类重大工程项目规模准入要求

任务清单类别及编号	总投资规模/万元
8. 其他重点行业超低排放改造和深度治理工程	≥200
9. 入河入海排污口整治工程	≥1 000
10. 重点海湾生态环境综合治理工程	≥1 000
11. 新污染物治理能力建设和减排工程	≥100
12. 重金属与历史遗留尾矿污染治理工程	≥1 000
13. 生物多样性保护重大工程	≥1 000
14. 应对气候变化重大示范工程	≥1 000
15. 土壤和地下水污染治理示范工程	≥1 000
16. 农村环境整治和农业污染防治示范工程	≥1 000
17. “无废城市”建设工程	≥1 000
18. 生态环境智慧感知监测能力建设示范工程	≥1 000
19. 生态环境治理智能化建设示范工程	≥1 000
20. 其他领域生态环境治理重大工程	≥1 000

注：根据《中央生态环境资金项目储备库入库指南（2021年）》，大气污染防治项目中总投资额低于200万元的工程治理类项目不予入库；水污染防治项目中除监管能力建设、饮用水水源地一级保护区隔离防护、饮用水水源保护区内风险源应急防护、入河排污口规范化建设等4类工程项目以外，总投资低于3 000万元的其他工程类项目不予入库；土壤污染防治项目中总投资低于1 000万元的土壤污染风险管控、修复项目不予入库；农村环境整治项目中原则上总投资额低于2 000万元或整治行政村数量少于10个的项目不予入库。

②环境基础设施和生态环境能力建设类。

对任务清单编号为21～33的工程项目，不设置项目规模准入要求，统一纳入台账管理。

3）关于配合有关部门实施的“十四五”生态环境领域重大工程项目筛选标准。

对于任务清单类别编号为34～45的工程项目，提高项目规模准入要求，建议项目总投资额不低于 3 000 万元。

4）符合法律法规和政策规定，以及被中央污染防治资金项目储备库清理出库的项目不予纳入台账。

（4）纳入调度台账的项目筛选标准

纳入调度台账的项目筛选范围为生态环境部门牵头实施的“十四五”规划 102 项重大工程项目、生态环境部门牵头实施的“十四五”生态环境保护规划重大工程项目。其中，生态环境部门牵头实施的“十四五”规划 102 项重大工程项目，已纳入基本台账的，全部纳入调度台账管理。生态环境部门牵头实施的“十四五”生态环境领域重大工程项目，按照项目总投资额进行排序，综合考虑项目重要性、区域平衡性、类型全面性，筛选一批重中之重项目纳入调度台账管理。纳入调度台账的项目数量控制在 600～700 个。

4.2.1.2 区域性多要素协同治理重大工程项目跨区域综合管理模式

生态环境领域标杆性重大工程以问题为导向、以环境要素为单元的跨区域综合治理项目，需要形成一套国家顶层设计的跨区域综合管理模式。跨区域综合治理模式以“生态优先、空间均衡、系统治理、两手发力”为管理思路，落实“统一规划、统一治理、统一调度、统一管理”的工作要求，深化探索创新管理模式。

跨区域综合管理模式的重点是由国家部门组建跨省级行政区的一体化治理公司，以市场化方式高效组织实施生态治理。政府起到监督作用，实施单位承担协调工作、协同治理、横向生态补偿、资金平衡等工作。同时建立投、建、管、运一体化平台，推动构建生态治理统筹、区域协同、部门联动的可持续治理管理格局，打破一地一段一岸治理局限。

永定河综合治理与生态修复是在加快生态文明建设和京津冀协同发展大背景下，由国家顶层设计并推动实施的项目。2016 年 12 月，国家发展改革委、水利部、国家林业局联合印发了《永定河综合治理与生态修复总体方案》。2017 年 6 月，国家发展改革委印发《关于组建永定河流域治理投资公司的指导意见》，明确由京、津、冀、晋 4 省（市）人民政府和战略投资方中国交通建设集团有限公司共同出资组建流域治理平台公司。2018 年 6 月，永定河流域投资有限公司在京挂牌成立，以投资主体一体化带动流域治理一体化，实施永定河综合治理与生态修复。

通过 5 年的全面治理，永定河流域生态廊道基本贯通，流域水网主骨架初步形成，通过外调水、本地水、再生水多水统筹，逐步实现流域通水目标：2019 年，流域主要河段通水；2020 年，北京段全线通水；2021 年首次全线通水；2022 年，春秋两季全线通水，与京杭大运河同槽汇流 7.6 km，完成与京杭大运河的世纪交汇，携手奔流入海；2023 年 3 月 22 日再次实现全线流动。永定河已逐步恢复了“纵向贯通、横向融通、竖向连通、四季有水”的自然河流形态，干涸多年的首都母亲河终于再次苏醒。

4.2.1.3 全过程项目管理技术的应用

生态环境重大工程不同于普通的工程项目，对管理模式要求高，更加注重模式创新。生态环境部和各省级生态环境部门充分重视全过程咨询服务模式在项目规划、工程管理中的作用，鼓励和推动全过程咨询服务模式的发展与实践，不断营造良好的政策导向与政策环境。不同于建设项目的生产和运营管理体系，全过程管理模式要求在建设全过程中把生产和运营管理的流程、方式、特点纳入前期策划、规划设计以及施工建造的各个环节，这就对建设方、咨询方、施工方等提出了精细化、规范化、科学化的要求。全过程管理模式的工作内容及流程见图 4-1。

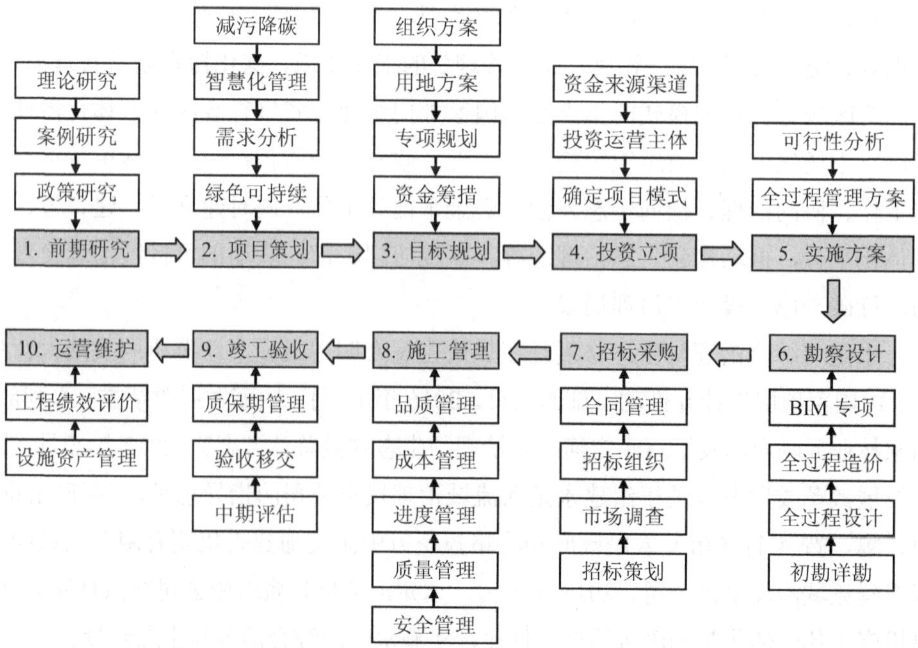

图 4-1 全过程管理模式的工作内容及流程

通过生态环境重大工程全过程管理有效促进重大工程项目建设质量、进度和成本。全过程项目管理模式具有很强的实践性、专业性，对业务水平要求很高，要求管理和考核人员具有丰富的实践经验和认真仔细的工作态度。针对复杂的环境工程项目，可帮助建设单位对工程进行全面管控，加强成本管理，极大地降低投资风险，有效控制成本，帮助投资者在成本决策阶段进行评估，从投资管理、进度管理、合同管理等多个方面把控工程建设过程，有效控制风险，减少不必要的支出，并使资金得到最大化利用，从而提高建设项目的经济效益，进而增强建设企业的市场竞争力。项目管理咨询服务企业要提高管理咨询水平，加强对成果文件的归纳、整合，强化对成果文件的工程量指标、工程造价指标、相关性指标等的分析，编制适合企业自身运营方向的工程指标数据库，使工程管理工作越来越数字化、系统化，从而提高企业的竞争力。

4.2.2 科学技术创新

（1）构建生态环境科技创新体系

坚持守正创新，加快构建与美丽中国建设相适应的生态环境科技体制。面向生态环境领域国家重大战略需求，按照国家科技体制改革相关要求，加强相关领域科技建设。构建以基础研究为动力、以成果应用为导向的科技价值体系，重构基础研究、管理支撑、技术服务差异化评价机制。构建全国统筹的人员、资金、平台等资源调动机制，重构各创新主体的职责定位、任务清单和绩效目标，打造生态环境领域的国家战略科技力量。

坚持问题导向，解决一批突出的基础性重大问题。加快启动“科技创新 2030-京津冀环境综合治理”重大项目，突破跨区域、跨行业、跨介质复合污染治理的重大科技“瓶颈”。谋划减污降碳协同增效、生物多样性与生态系统完整性恢复等重大科技工程，进一步夯实科学治污基础，提升精准治污效能。

坚持应用导向，为深入打好污染防治攻坚战提供科技支撑。在蓝天保卫战方面，针对多污染物协同治理和综合防控的薄弱环节，重点突破碳污协同控制与资源化利用技术、重点行业领域多污染物近零排放和治理技术等，支撑空气质量持续改善行动。在碧水保卫战方面，针对“三水”统筹，重点突破流域水生态系统精准诊断预测、原真性和完整性保护修复、绿色流域构建等技术，支撑美丽河湖、美丽海湾保护与建设。在净土保卫战方面，针对部分地区土壤污染风险持续累积的问题，研发土壤绿色修复与安全防控、固体废物资源化利用等技术及成套装备，支撑土壤安全利用和“无废城市”建设。

2022 年 11 月 2 日，科技部、生态环境部、住房和城乡建设部、气象局、林草局等五部门针对我国主要生态环境问题与重大科技需求，发布了《“十四五”生态环境领域科技创新专项规划》（以下简称《规划》)。《规划》印发后，将构建面向现实与未来、适应不同区域特点、满足多主体需求的生态环境科技创新体系。《规划》明确以生态环境质量改善和提升风险防控能力为目标，以解决“十四五”污染防治攻坚战的关键难点为突破口，坚持需求导向、前瞻布局、交叉融合的原则，为提升我国生态环境治理能力，促进我国发展方式绿色转型，加快生态文明建设提供科技支撑。

在保障措施中，《规划》提出了“创新组织实施机制”“构建绿色技术创新体系”“完善多元投入”“深化生态环境国际科技合作”等措施。

在创新组织实施机制方面，加强科技部门、行业部门与地方的协同，探索实施生态环境科技创新任务部署与国家重点区域/重大工程建设、生态环境管理与产业发展政策多方联动机制。构建科技项目责任机制，由科技主管部门与行业主管部门、地方政府、示范企业、研发单位等签订多方协议，各负其责协同发力，实现重大生态环境问题的技术解决方案、示范工程、生态环境标准、技术推广政策、产业培育一体化突破。改进科技项目组织管理方式，征集有意愿、有条件的地方政府和骨干企业作为工程建设组织和依托单位，采取“揭榜挂帅”等方式激发创新活力，遴选有实力、有优势的研发单位，通过国家重点研发计划、“科技创新2030-京津冀环境综合治理”重大项目等予以分批支持。

在构建绿色技术创新体系方面，加快构建以企业为主体、以市场为导向的绿色技术创新体系，营造“产学研金介”深度融合、成果转化顺畅的绿色技术创新环境。发展一批由骨干企业主导、多主体共同参与的专业绿色技术创新战略联盟，构建跨学科、开放式、引领性的绿色技术创新基地平台和智库服务中心。加快发展绿色技术银行，促进绿色技术创新成果与金融服务、人才支持的贯通发展，形成承接变革性绿色技术产业创新、成果落地转化和国际转移的综合运作服务体系，加快试点示范并全面推广面向首台（套）重大技术装备的保险补偿、税收优惠等支持政策。完善重点领域绿色技术标准，推进绿色技术创新评价和认证，强化产品全生命周期绿色管理。鼓励企业实施期权、技术入股，完善科技成果知识产权、投融资、激励及风险机制，加快推进技术成果的产业化进程。

在完善多元投入方面，完善资金投入结构，拓宽生态环境领域科技融资渠道。充分发挥中央财政科技资金的引导作用，通过财政直接投入、税收优惠等多种财政投入方式，引导金融机构加大支持创新的力度，激励企业增加生态环境科技研发经费投入，鼓励社会以捐赠和建立基金等方式多渠道投入，形成政府、市场、社会协同联动的科技稳定投入新机制。加大生态环境领域冷门学科、基础学科和交叉学科的长期稳定支持，加强基础研究投入，注重提升生态环境科技原始创新能力。建立对非共识的探索性风险资助机制，拓宽企业资金、风险基金、金融投资等资本对本领域发展的投资渠道。

在深化生态环境国际科技合作方面，加强国际双（多）边科技合作与人才交流，开展应对气候变化、区域生态环境污染治理等研究合作，积极构建与国际接轨的技术标准体系；推进中欧气候变化与生物多样性旗舰计划、中德应对气候变化联合研究、中加清洁技术工作组、中新（加坡）水资源联合研究、中挪环境保护及可持续发展合作等国际合作计划的实施。开展可持续发展南南合作，营造良好的合作环境，多角度谋划开展科技合作，打造“一带一路”创新共同体，加强创新成果共享。

为积极应对“十四五”期间我国生态环境治理面临的挑战，需要加快生态环境科技创新，构建绿色技术创新体系，推动经济社会发展全面绿色转型，建设美丽中国。

深入打好污染防治攻坚战需要科技创新解决污染治理中难啃的“硬骨头”。针对区域流域生态环境系统性治理不足，高精度生态环境监测不足，生态环境全链条监管、多污染协同治理及综合防控技术薄弱等问题，在国家重大战略发展区域突破生态环境协同治理与绿色发展技术，强化生态环境监测监管科技创新，重点开展细颗粒物（$PM_{2.5}$）和臭氧（O_3）协同防治、土壤-地下水生态环境风险协同防控、减污降碳协同等关键技术研发，加强多污染物协同控制和区域协同治理，守住自然生态安全边界，促进区域流域自然生态系统质量整体改善，形成多介质生态环境污染的综合防治能力。

生态环境治理体系与治理能力现代化需要构建服务型科技创新体系，提升环保产业的竞争力。针对固体废物资源属性识别不足、风险溯源与精准调控困难，难以应对固体废物产排量大、资源化利用率低，新型废旧物资报废问题凸显，环保产业高质量发展不足等短板，推动产品生态设计、过程清洁生产、产业链接利用、区域废物协同处置利用等重大技术创新与转化应用，建立废物源头减量与多层次资源高效循环利用技术体系，发展环境生物、环境材料、智能环境等前沿新技术，提升支撑生态环境治理与高质量发展的环保装备产品供给能力，壮大环保产业。

应对气候变化等全球共同挑战需要通过科技创新提出中国方案。针对全球气候变化模型评估等基础研究落后，支撑碳达峰碳中和关键技术亟须加强，全球气候治理及国际环境公约履约能力有待提升等问题，加大地球系统模式、重点领域温室气体减排关键技术创新力度，提升生态系统碳汇能力和城乡建设、农业生产、基础设施等适应气候变化能力，建设性参与和引领气候变化国际合作，提升全球气候治理和环境履约能力。

改善生态环境质量、保障公众健康需要依靠科技创新提升生态环境健康风险应对能力。针对有毒有害化学物质危害性数据、暴露评估和绿色替代技术、新污染物评估分类方法不足等问题，推进化学污染物、病原微生物、耐药细菌等生态环境风险识别与管控技术创新，研发化学品生态环境健康风险评估与控制技术方法，提升危险废物、有毒有害化学物质生态环境监管和风险防范能力，强化重大公共卫生事件生态环境应对能力，支撑健康中国建设，推进人与自然和谐发展。

四川省于 2023 年发布《关于进一步加强生态环境科技创新的若干措施》（以下简称《措施》），列出 4 个方面 11 条具体举措激励生态环境领域科技创新。首先，加强科技创新技术突破，包括支持基础研究和重点项目技术攻关、鼓励实施重大科技项目。此外还要强化科创平台载体建设，包括鼓励创建重点实验室和工程技术中心、强化与科研院所和高校合作力度、完善科研基础设施和科研仪器共享制度。完善科技成果转化机制，包括完善科技成果转化激励制度、鼓励科研人员通过科技成果转化获得合理收入。在激发科研人才活力方面，包括培育引进优秀人才、加强人才创新站点建设、完善科研人才评价和培养机制、严格激励资金管理。

《措施》从 5 个方面“真金白银”激励生态环境领域的科技创新：

一是依托省级生态环境保护科技项目体系，省级生态环境厅每年将安排不低于 1 000 万元的预算资金，持续开展生态环境领域基础研究和重点科技项目技术攻关。

二是鼓励厅直属事业单位牵头承担生态环境领域国家级或省级重大科技专项和积极争取国家与省部级科学技术奖励，根据奖项级别不同，按照 5 万～100 万元/项的科研经费标准予以后补助支持。

三是鼓励厅直属事业单位创建国家、省级重点实验室或工程技术研究中心，成功获批并完成验收后，分别按照国家级 300 万元、省级 100 万元的科研经费标准予以后补助配套支持。

四是鼓励厅直属事业单位培育引进优秀人才，每培养或新增引进 1 名全职两院院士、国家级科技领军人才，将在该单位每年度预算中专设 100 万元工作经费予以科研保障；培养或引进的优秀人才，按照新增 1 名国家级人才 50 万元、省级人才 30 万元科研经费标准予以后补助支持；鼓励青年科研人才广泛参与科技工作，用于科研单位的厅直属事业单位基本科研业务费用与资助青年科研人员的比例不得低于 50%等。

五是鼓励厅直属事业单位建设人才创新站点，按照级别不同，成功获批的将按照 10 万～50 万元/个的科研经费标准予以后补助支持。

（2）先进污染防治技术应用与优化

生态环境保护技术的创新和应用，是实现生态文明建设、保障人类健康和生命安全的重要手段。科技创新不仅是驱动经济发展的强大引擎，也是美丽中国建设的关键支撑，在循环经济、数字经济、绿色产业、应对气候变化、新污染物治理等方面，科技创新都发挥着重要作用。生态环境领域重大工程的实施追求环境效益、经济效益和社会效益统一，以科技创新为核心的全要素生产率驱动生态化发展，成为解决生态问题、满足人民对优美环境向往的有效解决之道。

实现人与自然和谐共生的生态文明，更是要充分利用科技发展的最新成果，让科技创新赋能生态文明建设。国家已发布系列《国家先进污染防治技术目录》，整合建立大气污染防治、VOCs 防治、水污染防治、固体废物和土壤污染防治等不同要素领域绿色低碳技术名录，详细描述各先进技术的技术名称、工艺路线、主要技术指标及应用效果、技术特点、适用范围、技术类别。国家先进污染防治技术分为示范技术和推广技术，前者具有创新性，技术指标先进、治理效果好，基本达到实际工程应用水平，具有工程示范价值；后者是经工程实践证明的成熟技术，治理效果稳定、经济合理可行，鼓励推广应用。

生态环境领域重大工程治理模式和修复技术优先推荐国家先进污染防治技术，同时突破不同环境要素间协同治理的技术屏障，以降低治理成本为动力，延长资源循环利用链条，构建环境治理共生网络；开展环境综合治理托管模式试点，先行先试，创新协同治理模式管理思路；培育综合服务龙头企业，依托其强大经济实力、丰富工程经验和先进科研平台，开展多要素协同控制和全过程污染防控技术与模式创新，提供多要素协同治理系统性解决方案，最终实现工程技术循环利用和可持续发展。生态环境技术名录按领域分类汇总见表 4-2。

表 4-2 生态环境技术名录汇总

名录分类	技术名录名称	技术数量/个
大气污染防治领域	2023 年《国家绿色低碳先进技术成果目录》	15
	2021 年《国家先进污染防治技术目录（大气污染防治、噪声与振动控制领域）》	19
	2018 年《国家先进污染防治技术目录（大气污染防治领域）》	35
	2016 年《国家先进污染防治技术目录（VOCs 防治领域）》	18
水污染防治和水生态修复	2022 年《国家先进污染防治技术目录（水污染防治领域）》	38
	2019 年《国家先进污染防治技术目录（水污染防治领域）》	26
	2015 年《国家先进污染防治技术目录（水污染防治领域）》	18
固体废物和土壤污染防治领域	2020 年《国家先进污染防治技术目录（固体废物和土壤污染防治领域）》	37
	2017 年《国家先进污染防治技术目录（固体废物处理处置、环境噪声与振动控制领域）》	29
其他	《国家清洁生产先进技术目录（2022）》	20
	《关于构建市场导向的绿色技术创新体系的指导意见》	—

（3）生态环境领域科技创新与推广

生态环境领域重大工程作为扎实推进生态文明建设、做深做实美丽中国建设的排头兵，积极响应《“十四五”生态环境领域科技创新专项规划》要求，明确以生态环境质量改善和提升风险防控能力为目标，以解决“十四五”污染防治攻坚战的关键难点为突破口，坚持需求导向、前瞻布局、交叉融合，为提升我国生态环境治理能力，促进我国发展方式绿色转型，加快生态文明建设提供科技支撑。《“十四五”生态环境领域科技创新专项规划》指出，深化生态环境健康、化学品安全、全球气候变化等重大生态环境问题的基础研究；研发环境污染防治、生态保护与修复、固废减量与资源化利用、生态环境监测预警与风险控制等关键核心技术，形成高端新技术、新材料、新装备，引领环保产业跨越式发展和国际竞争力提升；完善适合生态环境学科、产业特点的科技创新模式，构建面向现实与未来、适应不同区域特点、满足多主体需求的生态环境科技创新体系。《“十四五”生态环境领域科技创新专项规划》提出了十大重点任务，分别为生态环境监测、水污染防治与水生态修复、大气污染防治、土壤污染防治、固废减量与资源化利用、多污染物跨介质综合治理、生态系统保护与修复、新污染物治理、应对气候变化、支撑国际生态环境公约履约。

目前，我国处于深入打好污染防治攻坚战的攻坚期，标杆性重大工程如何在兼顾环境效益、社会效益、经济效益的前提下，提高工程技术的效率和绿色可持续性是实现美丽中国战略目标的重要保障。《“十四五”生态环境领域科技创新专项规划》进一步明确了国家对生态环境绿色低碳可持续技术的战略需求，为促进工程技术的循环利用和可持续发展提供了总体思路，尤其在生态环境领域重大工程项目实施过程中要加强科学研究，将产、学、研、用有效结合，实现重大工程技术创新及绿色可持续发展。

（4）数字化平台应用

在数字化时代，生态环境保护正迎来前所未有的变革。数字化平台的应用不仅提升了生态环境管理的效率和精确度，还为重大工程的实施提供了强大的技术支持。生态环境领域重大工程通常涉及复杂的自然系统和社会经济因素，传统的管理和监测手段难以满足高效、精准的需求。数字化平台通过集成先进的信息技术，如物联网、大数据、云计算和人工智能，为生态环境保护提供了全新的解决方案。这些技术的应用不仅提高了数据采集和处理的效率，还为决策者提供了更加科学、全面的参考依据。下面介绍一些数字化平台的应用现状。

①环境监测与预警。数字化平台利用物联网技术，通过部署各类传感器设备，实时收集空气质量、水质、土壤污染等数据。这些数据通过云平台进行分析处理，形成可视化报告，为生态环境部门提供及时、准确的监测信息。例如，北京市生态环境局利用数字化平台实现了对 $PM_{2.5}$、PM_{10} 等污染物的实时监测，有效预警空气污染事件，为公众健康提供了保障。

②污染源追踪与管理。通过大数据和人工智能技术，数字化平台能够对工业排放、农业面源污染等进行精准定位和追踪。例如，浙江省生态环境厅利用数字化平台，结合卫星遥感技术和无人机巡查，实现了对重点污染企业的全天候监控，有效遏制了非法排污行为。

③生态修复与保护。数字化平台在生态修复和保护中发挥着重要作用。通过地理信息系统（GIS）和遥感技术，可以对生态脆弱区进行动态监测，评估生态恢复效果。例如，内蒙古自治区利用数字化平台对草原退化情况进行定期监测，为生态保护和修复提供了科学依据。

④公众参与与教育。数字化平台为公众参与环境保护提供了便捷渠道。通过手机应用程序，公众可以实时查看环境质量信息，举报环境污染行为，参与环保活动。例如，上海市生态环境局推出的“绿色上海”App，不仅提供了丰富的环保知识，还鼓励市民参与垃圾分类、绿色出行等活动，增强了公众的环保意识。数字化平台可为生态环境领域重大工程提高监测效率，为科学决策提供支持，增强管理透明度，促进跨部门合作。

⑤提高监测效率。数字化平台通过自动化数据采集和分析，大大降低了人工监测的频率和成本，提高了监测效率。实时数据的获取和分析，使得生态环境部门能够迅速响应突发环境事件，并采取有效措施。

⑥科学决策支持。数字化平台利用大数据和人工智能技术，对海量环境数据进行深度分析，为环境决策提供科学依据。通过对历史数据的挖掘和预测模型的建立，可以提前预判环境风险，制定科学合理的环保政策。

⑦增强透明度。数字化平台使环境监测数据公开透明，增强了公众对生态环境保护工作的信任和支持。通过数据共享，政府部门、企业和公众可以共同参与

生态环境保护工作，形成合力。

⑧促进跨部门合作。数字化平台打破了传统部门间的壁垒，促进了多部门之间的信息共享和协同合作。例如，生态环境部门可以与气象、水利等部门共享数据，共同应对气候变化和水资源管理等问题。

数字化平台在生态环境领域重大工程中的应用前景广阔，不仅提高了环境监测和管理的效率，还为生态环境保护决策提供了科学依据。未来，随着技术的不断创新和应用的不断深化，数字化平台将在生态环境保护中发挥更加重要的作用，助力实现美丽中国的目标。通过持续的技术创新和政策支持，数字化平台将成为推动生态环境保护事业的重要力量。生态环境领域重大工程未来数字化平台的发展方向将重点放在技术创新、智能化升级、深化公众参与 3 个方面。

在技术创新方面，随着 5G、区块链、边缘计算等新技术的发展，数字化平台将在环境监测和管理中发挥更大的作用。例如，5G 技术将实现更高精度的实时数据传输，区块链技术可以确保环境数据的安全性和可信度。

在智能化升级方面，通过引入更先进的机器学习和深度学习算法，数字化平台将具备更强的自主学习能力和预测能力。例如，智能算法可以自动识别污染源，预测环境变化趋势，为生态环境保护提供更加精准的支持。

在深化公众参与方面，数字化平台未来将进一步拓展公众参与的渠道和方式，鼓励更多人参与环境保护。例如，通过虚拟现实（VR）和增强现实（AR）技术，公众可以更加直观地了解环境状况，参与环保活动，形成全民环保的良好氛围。

4.3 生态环境综合效益评估研究

标杆性重大工程首要任务是以强化环境绩效目标为导向，必须坚持把资源消耗、环境损害、生态效益纳入考核评价范畴，切实提高生态环境效益指标在重大工程成效评估中的比重；改进考核评价方式，实行生态环境治理考核通报和定期督查制度；定期组织开展重大工程实施成效自评估，掌握工程实施进度，把握工程质量；开展重大工程实施全过程生态效益与环境效益变化情况监测；将生态质量状况监测评估结果、区域生态功能提升效果作为优化资金配置的重要依据，建立资金使用与环境绩效并重的项目绩效考核体系。

4.3.1 建立生态环境领域重大工程分级评估体系

为科学客观评估生态环境领域重大工程实施成效，同时为“十五五”选择标杆性重大工程提供科学依据，引导我国“十五五”生态环境领域重大工程向绿色低碳方向发展，并进一步与生态产品价值核算相衔接，评估重大工程实施过程中的绿色低碳性，以及实施后产生的环境效益、生态效益和潜在的经济效益、社会效益。建立我国生态环境领域重大工程单体项目评估—分领域重大工程省级综合评估—国家级重大工程综合成效评估三级评估体系。我国生态环境领域重大工程成效评估体系见图 4-2。

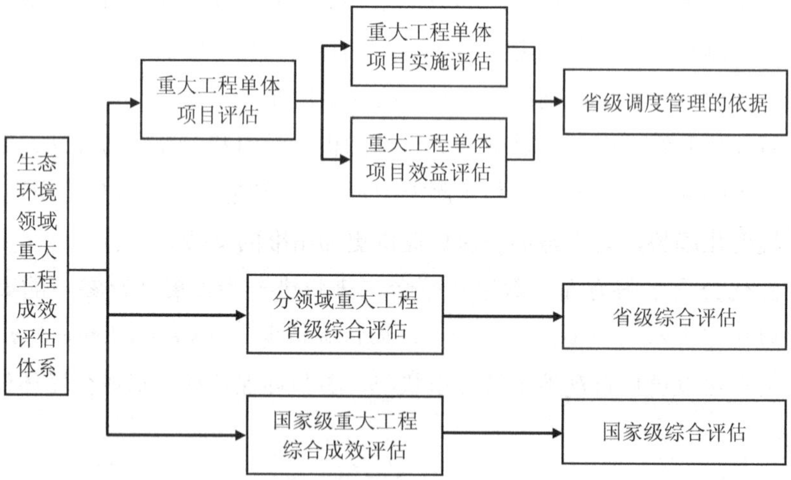

图 4-2 我国生态环境领域重大工程成效评估体系

4.3.2 生态环境领域重大工程单体项目评估指标体系及评估方法

（1）评估目的

生态环境领域重大工程项目的建设发展直接影响美丽中国目标的实现、污染物减排和环境质量提升目标的实现。同时，生态环境领域重大工程的建设也能给群众带来显著的社会效益、经济效益，有利于人民生活的极大改善。为了确保重大工程的实施成效，在生态环境领域重大工程项目竣工验收完成后，省级生态环境部门应及时组织开展项目实施评估，从项目管理、资金管理、项目目标完成情况和项目效益等方面评估重大工程项目成效。对成效不佳的项目应分析原因，督促项目单位开展整改，对整改不力的项目进行调整或替换，保证重大工程综合成效。同时筛选出一批典型的、效益好的重大工程作为标杆性重大工程，发挥示范带动作用。

（2）评估原则

①规划引领，绿色导向。将重大工程评估框架融入生态环境规划及评估考核机制中，将绿色低碳纳入指标体系，引导重大工程向绿色低碳方向发展，并筛选一批典型的、效益好的重大工程作为示范工程。

②科学客观，切实可行。以科学性为基础，遵循自然发展状态，同时与我国国情紧密结合，采用科学性、合理性的研究方法设计评估指标体系和评估方法。评估指标应具有明确的实物量并可获得基础参数，评估方法应具有科学依据，评估结果应客观准确。

③适应项目，灵活选择。根据项目类型和特征选择适用的评估指标，具有较高的可行性和可应用性。

④动态调整，逐步完善。评估指标与方法应在实践中完善，不断吸收重大工程综合评估相关的最新研究成果，最终形成一套科学的评估指标体系和评估方法。

（3）评估对象及评估范围

评估对象：生态环境领域重大工程是指国家层面上具有重要支撑和牵引意义的生态环境保护项目，包括纳入国民经济和社会发展五年规划纲要中的生态环境类重大工程项目，纳入国家级生态环境保护规划的工程项目，纳入《中共中央　国务院关于深入打好污染防治攻坚战的意见》的工程项目。后续其范围将根据国家工作推进的实际情况进行动态更新。

评估范围：重大工程单体项目的评估范围应结合重大工程类型和所在区域的环境特点，确定评估空间范围，项目可能造成生态影响的范围也应纳入评估范围。一般情况下，重大工程单体项目的评估范围应包括主体工程、附属工程、直接干扰区（如取弃土场等临时工程区）以及周边 500 m 的区域。如果主体工程、辅助工程、直接干扰区等周边 500～1 000 m 存在环境敏感目标，从生态系统完整性出发，应全部纳入评估范围。

（4）重大工程单体项目评估工作流程

重大工程单体项目评估工作流程见图 4-3。

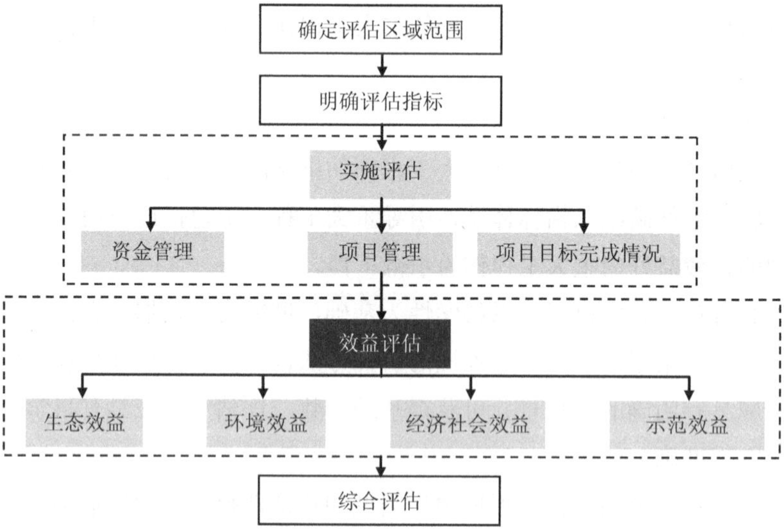

图 4-3 重大工程单体项目评估工作流程

第一步：确定评估区域范围。根据不同项目类型，兼顾生态系统完整性，划定项目边界，确定重大工程单体项目评估区域范围，一般以重大工程红线边界范围为评估范围。

第二步：明确评估指标。根据不同项目类型，明确评估区域内的重大工程所使用的技术、实施过程中的碳排放情况、实施所产生的环境效益、经济效益、社会效益等评估指标。

第三步：实施评估。开展重大工程单体项目实施评估，收集重大工程实施评估所需要的相关资料，从资金管理、项目管理及项目目标完成情况 3 个方面开展项目评估，得出实施评估结论。

第四步：效益评估。开展重大工程单体项目效益评估，根据评估基准年，选择科学合理、符合重大工程单体项目特点的评估方法和技术参数，从生态效益、环境效益、经济社会效益及示范效益 4 个方面开展效益评估，并得出综合效益的结论。

第五步：综合评估。将上述实施评估和效益评估的各类指标加总，得到重大工程综合评估结果，为省级调度提供依据。

（5）评估指标体系

重大工程单体项目评估指标体系分为实施评估和效益评估两部分，各级评估指标见表 4-3。可根据项目类型对未因项目活动而发生变化的评估指标进行删减。

表 4-3 重大工程单体项目评估指标体系

评估阶段	一级指标	二级指标	三级指标
实施评估（60 分）	资金管理（15 分）	资金规模	资金规模
		其中，中央专项资金占比	其中，中央专项资金占比
	项目管理（30 分）	全过程管理	项目立项、详细设计、工程监理、竣工验收、档案管理
		工程低碳性	温室气体减排量
		工程绿色性	潜在二次污染情况
		工程资源节约	能源、水资源、材料、土地、矿产等节约
		技术先进性	技术先进性
		制度创新性	制度创新性
	项目目标完成情况（15 分）	工程数量指标	评估工程量是否全部完成
		工程质量管理	评估工程质量是否达到预期
效益评估（40 分）	环境效益（15 分）	地表水（湖泊、河流）	水质达标情况
			水生态改善情况
			减排量
		大气	达标情况
			减排量
		土壤	达标情况
			减排量

评估阶段	一级指标	二级指标	三级指标
效益评估（40 分）	环境效益（15 分）	固体废物（矿山）	达标情况
			减排量
	生态效益（15 分）	主导生态功能提升情况	水源涵养
			土壤保持
			防风固沙
			固碳
			海岸带防护
		重要生态系统面积增长情况	森林（灌丛）
			草地
			湿地
			农田（非生态用地转化）
			典型海洋生态系统
		生物多样性	生物多样性
	经济社会效益（10 分）	社会稳定	提供公共服务
		文化服务	旅游康养
			休闲休憩
			景观增值
		公众满意度	公众满意度
	示范效益（加分项）	示范性	示范带动作用

5 标杆性重大工程项目调管保障措施研究

5.1 资金保障机制

资金筹措是生态环境工程项目投融资领域的重要问题，近些年我国生态环境工程项目大部分为公益性项目，以国家和地方政府投入、政策性银行贷款为主，尚未完全建立多元化投融资机制。“十四五”期间乃至更长一段时期，需按照社会主义市场经济总体要求，结合政府职能转变，进一步拓宽生态环境工程项目建设的资金渠道，逐步建立以政府投入为基础、市场融资为重点的多元化和多渠道筹措资金机制，从根本上保证生态环境工程具有稳定可靠的资金来源，形成良性循环。

5.1.1 环保资金保障机制

生态环境部会同财政部印发《中央生态环境资金项目管理规程（试行）》等一系列文件，分领域出台污染防治资金管理办法，推动中央生态环境资金投入持续增长。“十四五”期间纳入投资实施计划的工程项目原则上选自项目储备库，需合理控制储备项目的资金规模，统筹做好资金安排计划。纳入中央生态环境资金项目储备库的项目，由中央资金补助，地方配套支持。纳入地方重大工程项目储备库的项目，由地方资金支持。

财政资金支持的重大工程实施“依效付费”的资金分配方式，可以有效提升资金使用效率，促进环境质量改善。主要做法是推行环境绩效合同服务，逐步把资金投入绩效与财政资金分配、政府付费等挂钩，财政资金使用将由“买工程”向“买效果”转变，由此推进环境保护投资从规模型向效益型转变。2014 年国务院发布的《关于推行环境污染第三方治理的意见》明确提出，对以政府为责任主体的城镇污染场地治理和区域性环境整治等，采用环境绩效合同服务等方式引入第三方治理。2015 年 4 月，国务院印发的《水污染防治行动计划》强调采取环境绩效合同服务、授予开发经营权益等方式，鼓励社会资本加大对水环境保护的投入。预计重大工程的“依效付费”模式是未来资金使用的方向。

5.1.2 社会资本保障机制

社会资本在生态环境保护工程项目投融资领域日趋占据主导地位。随着环境污染第三方治理和环境保护领域 EOD 模式的广泛推行，我国以企业和政府为主导的环境保护投入格局将发生变化，属于政府事权和企业事权的环保投资事项，通过政府和社会资本合作、环境污染第三方治理等方式，吸引符合条件的环保企业、金融机构和非金融机构投资者，将形成以社会资本为主导的多元化环境保护投融资格局。这一变化将影响重大环保工程的政府主导性，政府必须转变管理模式，如推行环境污染第三方治理模式，强调环境保护的市场化机制。为此，国务院办公厅于 2014 年 12 月发布了《国务院办公厅关于推行环境污染第三方治理的意见》；2015 年，国家发展改革委、环境保护部等部门联合印发《关于开展环境污染第三方治理试点示范工作的通知》，在全国开展试点示范。同时，作为投融资模式重大创新与项目管理方式的重大转变，PPP 模式已成为加强公共产品和服务供给质量与效率的重要途径。2015 年，财政部、环境保护部发布了《关于推进水污染防治领域政府和社会资本合作的实施意见》，积极推进水污染防治领域 PPP 模式，进一步开放环境保护市场。

5.1.3 金融资金保障机制

金融资金是环境保护投资的重要来源。发展绿色金融成为生态环境保护领域拓展融资渠道的必然选择和发展趋势，也将成为生态环境保护投资的重要组成部分。在鼓励发展绿色金融方面，2014年国务院发布《国务院关于创新重点领域投融资机制鼓励社会投资的指导意见》，国务院办公厅发布《关于推行环境污染第三方治理的意见》；2015年财政部、环境保护部发布《关于推进水污染防治领域政府和社会资本合作的实施意见》等政策文件，明确了发展绿色金融方向和重点，中国人民银行也在积极开展绿色金融创新试点工作。但是，绿色金融政策比较模糊，没有有针对性地提出支持环境污染治理的金融创新制度。2016年国务院发布的《土壤污染防治行动计划》实施就遇到了融资渠道问题，从而只能选择以试点示范为主的土壤治理技术路线。

5.1.4 新模式融资保障机制

建立投资回报机制是生态环境保护项目吸引社会资本投资的前提条件。当前大部分生态环境保护项目公益性特征显著，缺乏稳定的投资回报机制，必须通过模式与机制创新才能吸引社会资本投入。公益性项目可与资源组合开发项目相结合实现模式创新，包括与周边土地开发、供水项目、林下经济、生态农业、生态渔业、生态旅游等经营性较强的项目组合开发，撬动社会资本环保投入。城市污水管网建设可与污水处理、污泥处置、中水回用等项目捆绑，鼓励实施城乡供排水一体化、厂网一体化模式开发建设。市（县）、乡（镇）和村级污水收集和处理、垃圾处理项目按行业"打包"投资和运营，降低建设和运营成本，提高投资效益。在农村污水、垃圾收集处置中采用"互联网+"，减少人力投入，降低运行维护成本。

2021年4月6日，生态环境部办公厅、国家开发银行办公厅联合印发《关于深入打好污染防治攻坚战共同推进生态环保重大工程项目融资的通知》（环办科财函〔2021〕158号），发挥部行合作优势，共同加大生态环境保护重大工程项目融资，培育环保产业新增长点。精准支持深入打好污染防治攻坚战的重点领域。在中央项目库中补充建立金融支持生态环境保护项目储备库，加强固体废物和危险废物处理处置及资源综合利用、区域环境协同治理等重大项目，以及EOD模式、生态补偿、“无废城市”建设等试点项目的储备与支持。

5.2 项目管理与协调机制

目前，我国生态环境领域重大工程项目尚缺乏全链条系统性统一监督管理体系，出现了工程项目靶向落地难、效益考核难的局面，“十四五”生态环境领域重大工程管理面临严峻挑战。针对现阶段重大工程项目管理工作中存在的问题，应在已有的生态环境部门项目管理制度的基础上，建立健全跨部门生态环境领域重大工程全过程项目管理制度，实现“十四五”生态环境领域重大工程的全生命周期绿色管理。其中，建立重大工程管理责任机制，明确重大工程全过程各环节的主体责任，压实重大工程项目参与各方的管理责任，为重大工程项目建设的责任追溯提供依据；建立重大工程调度部署机制，贯彻党中央、国务院决策部署，坚持生态环境保护规划引领，加强重大工程项目监管调度，全面保障深入打好污染防治攻坚战整体推进；建立重大工程协调交流机制，统筹各部门、各单位力量，分享典型项目实施经验，合力推进生态环境领域重大工程项目有序推进；建立重大工程全过程管理机制，优化重大工程全过程各环节有效衔接，保障重大工程项目科学推进。

5.2.1 建立重大工程管理责任机制

规范和健全重大工程管理体制是保障工程项目高效管理的重要途径。健全重大工程管理制度，生态环境部门应会同工程建设部门共同加强重大工程管理。健全重大工程监管机制，主管部门要加强重大工程的监理，加大工程建设、运行和维护的监管力度，从根源上保障环境工程管理各项规章制度的贯彻落实。要完善重大工程管理条例和法规，做好制度或条例的立、改、废，为重大工程管理提供完善的标准和制度体系，加强重大工程管理法规执行情况考核。加大项目评审力度和监督力度，通过切实可行的评审要求和监督制度来规范与环境污染有关的行为。

对于生态环境领域的标杆性重大工程项目，应根据生态环境领域中央与地方财政事权和支出责任划分意见，合理确定相关部门管理权责以及项目建设单位、监管单位责任，突出中央预算内投资、中央生态环境资金在生态环境项目管理领域的事权划分，明确管理权责。

生态环境部负责建立标杆性重大工程项目的决策与实施机制、制度，科学规划标杆性重大工程实施的阶段目标，并会同有关部门指导、监督重大工程项目的实施。地方各级政府是重大工程项目的责任主体，统筹负责重大工程项目库的建设与实施，落实重大工程项目实施责任分工。地方生态环境部门以及有关部门按照责任分工，负责各自领域内重大工程项目库的建设与管理，有序推进重大工程项目的实施。

5.2.2 建立重大工程协调交流机制

设立重大工程项目常规性的信息交流机制。联席会议制度可在两个层面设置：一是合作各方在整体上和宏观上就全面性问题定期举办信息交流和通气会；二是为解决某些重大的具体执法问题而组织会议。对于为宏观性、整体性问题而设立的联席会议，应当每年至少召开一次。为解决具体执法问题而设立的联席会议除有常规性的会议之外，还可根据中央政策和实际形势的变化召开临时会议，及时交换各方在处理相关重要执法问题上的意见和做法。由行政机关的主要负责人或部门负责人构成的联席会议作为信息交流机制的做法具有独特的优势：一方面，有利于相互之间达成某种约定；另一方面，无须增加新的行政成本。联席会议制度中可以设置秘书处，作为一个常设机构，负责日常工作和某些应急性事务的处理。

设立工作信息沟通与交流机制。畅通线上和线下相结合的多样化沟通联络渠道，建立工作联络组，及时沟通、交流、共享与标杆性重大工程相关的各种政策和规范性文件及信息，推进跨要素、跨部门、跨项目库的数据双向共享。建立信息共享的全员参与机制，信息共享的适用对象主要是各参与单位的主要管理人员和技术人员等，促使各参与方进行高效的信息交流和协调，从而迅速解决不断产生的各种问题。信息共享过程呈现双向性或多向性，若一方发送的信息若未得到及时反馈将会使信息共享流于形式，影响其实施效果。因此，只有全员参与才能保持信息交流顺畅，产生信息共享的应有效益。

设立常规化联络员制度。与工程实施相关的职能部门确定 1～2 名联络员，负责与其他行政区相应职能部门或职能部门之间的联络、沟通和协调工作。联络员应加强跟踪、落实和情况反馈工作，畅通各成员单位信息交流渠道，提高工作效率，确保各项合作项目顺利完成。

设立重大工程项目、重大事项的契约化协调机制。标杆性重大工程可能是跨流域、跨区域、跨领域的示范性工程，在行政区际合作中，契约化治理是被普遍采用的有效方式之一。所谓契约化治理，是指以相关行政区政府之间达成的协议作为协调相互之间某些重大问题的依据和方案。在某些基础性或全局性领域，可由省级政府或其职能部门牵头，直接领导区域内政府之间行政协议的签订，一方面有利于打破相互之间的壁垒，形成区域一盘棋的局面；另一方面由于契约包含着上级政府的意志而具有某种强制性，因而有利于减少在各行政区执行行政契约的阻力。

明确每个工程项目实施主体和责任分工，强化领导责任和实施职责，制定涉及本地区、本部门的重大工程项目实施方案，明确责任主体、实施时间表和路线图，确保各项工程任务落地。明晰横向、纵向分工职责及其衔接机制，建立工程项目实施横向、纵向协调联动机制，强化对规划任务的统筹协调，充分发挥已有国家级重大工程项目协调机制的作用，加强协调与合作，健全部门之间、部门内部、上下层级的沟通协调机制，形成更加高效的工作推进机制。建立部际联席会议制度，各项任务的牵头部门和参与部门之间要及时沟通情况，协调不同意见，克服存在的障碍，以推动规划项目顺利落实。对牵头实施的工程项目，部门内部要定期召开实施跟踪调度会，及时发现、解决实施过程中存在的问题，确保工程项目顺利实施。调动中央和地方实施规划项目的积极性，坚持“全国一盘棋”，共同推动规划项目实施的局面。

5.2.3 建立重大工程全过程管理机制

重大工程全过程管理是新时期生态环境高质量发展的时代要求，是保障工程质量和实施效果的重要手段。重大工程全过程管理作为一种创新型组织管理模式和咨询服务组织方式，具有集成化、专业化优势，满足了委托方的多样化需求与市场发展需求，展现出广阔的应用前景。政策环境、投资多元化以及建设项目承发包模式的变化引发了对全过程管理的需求，对咨询服务机构来说这既是重大机遇，也提出了更高要求。

生态环境领域重大工程全过程管理能够有效提高重大工程项目建设质量。针对复杂的环境工程项目，监管部门、建设单位或第三方管理咨询服务企业对工程进行全面的管控，加强成本咨询，降低投资风险，有效控制成本。在成本决策阶段开展工程规划、设计、实施、成效评估，并编制可行性研究报告，从投资管理、进度管理、合同管理、成效管理等方面把控工程建设过程，有效控制环境风险，促进资金利用和环境改善最大化，从而提高建设项目施工的经济效益、环境效益和社会效益。

5.3 绩效评估机制

5.3.1 重大工程绩效评估研究

生态环境领域重大工程绩效评价管理是充分保障重大工程项目环境效益的必要手段，是协同推进生态环境高水平保护和经济高质量发展的关键举措，是推进生态环境治理体系和治理能力现代化、建设美丽中国的内在要求。

目前，中央专项资金对生态环境领域重大工程项目的支持以建设补助为主，尽管其分配使用已开始与环境绩效相结合，但绩效在资金分配中考虑的比重非常有限，尚未真正过渡到基于绩效的分配方式，“绩效目标与审核—绩效监控—绩效评估—评估结果反馈与应用”全过程的绩效管理体系尚未建立。项目实施各环节与绩效评估全过程管理不统一，在一定程度上阻碍了环境绩效考核制度的真正落实：申报阶段，部分绩效目标指标设计缺乏操作性、规范性；评审阶段，目标指标可达性论证薄弱，申报建设内容与绩效目标逻辑性、对应性和支撑性不匹配，多重视项目前期落地，忽视建设单位项目组织能力和资金筹集能力，无法确保项目长期健康运营；在资金下达阶段，未明确审核后的绩效目标和指标，为后续绩效评估埋下隐患；在实施过程中，未将绩效评估指标和管理要求融入日常监督管理和检查中，监管的针对性和有效性较弱。因此，亟须建立重大工程的绩效评价制度，对重大工程实施的经济效益、环境效益和社会效益进行综合评价。

5.3.2 建立重大工程绩效评估机制

推行依效付费模式试点工作，推进工程融资向效果导向和依效付费机制转变，加强对实施依效付费项目的政策引导和支持力度。在具体项目实施过程中，建立健全以绩效或效果为导向的全过程管理模式，建议以绩效目标为核心，在项目实施的不同阶段侧重不同的绩效管理重点。探索并创新生态环境治理商业模式，推行以一体化实现生态环境可持续发展为目的的 EOD 模式，采取产业链延伸、联合经营、组合开发等方式增加环保项目收益，从单一功能目标向多元功能目标转变，强调“生态环境治理+产业开发”复合价值的实现，强化区域流域生态环境治理与社会经济发展联系，优化各要素资源配置。

落实重点工程全过程监管，在工程前期建立健全环境评估体系指标，将工程管理目的与实际环境紧密结合，充分考虑防治工作、治理工作对整个环境的功效，及时调整管理方案、机构设置、资金预算等。在项目实施过程中，将绩效评估指标和管理要求融入日常监督管理和检查中，后期及时对标评价，争取将绩效评估结果与各级环保专项资金挂钩。此外，政府等管理部门应转变观念，改变大包大揽的做法，从重投资、重建设转变为重运营和过程监管，做到前期重审批、招标重评审、建设全过程监管、运营期重绩效考核与成本监审。通过建立政府监管的常态化管理机制和项目绩效考核机制，引导和倒逼社会资本从过去偏好工程建设向重视项目全生命周期的建设运维绩效转变。

5.4 重大工程激励机制

5.4.1 生态环境领域督查激励

将重大工程实施纳入生态环境领域督查激励范围，制定生态环境领域重大工程激励评价标准及生态环境领域督查激励评选工作方案，开展年度评选及激励表彰工作。

目前，生态环境领域重大工程激励评价标准基于上年度全国各城市重大工程中央资金支持力度、项目开工和完工情况、预算执行情况等基础数据，结合上年度全国地级及以上城市大气和水环境质量排名相关数据，按照指标体系对全国地级及以上城市重大工程推进和环境质量改善情况进行综合评价。建议根据实际情况适时修订生态环境领域真抓实干、成效明显的地方激励评价指标。

5.4.2 深度挖掘典型经验做法

坚持自上而下和自下而上相结合，组织梳理标杆性重大工程实施中采取的创新性举措、具有参考借鉴价值的典型管理经验或具有标志性意义的重大工程，形成典型经验做法上报生态环境部。生态环境部组织对地方推荐项目或典型经验开展现场调研，实地了解其产生的环境效益、经济社会效益或创新性意义，总结形成典型案例，并开展宣传报道，发挥示范典型的导向与标杆作用。

5.4.3 运用绩效评估结果发挥激励引导作用

结合相关资金管理要求，对绩效评估结果较好的省（区、市）在安排有关资金时适当予以倾斜支持。对环境治理工程项目推进较快的城市，优先推荐予以督查激励。对推进重大工程实施工作成效突出的有关单位和个人，按照有关规定予以表彰奖励。

6

重大工程典型案例分析

6.1 生态环境重大工程案例分析

6.1.1 土壤污染源头防控重大项目

生态环境部高度重视“以化工、有色金属行业为重点，实施100个土壤污染源头管控项目”（以下简称“土壤污染源头管控项目”），将其作为一项重大政治任务抓紧抓实，多举措扎实推动土壤污染源头管控项目稳步实施。土壤生态环境管理司认真贯彻落实生态环境部重大工程领导小组工作部署和要求，将土壤污染源头管控项目作为土壤司“一号任务”，全面加强组织指导，召开工作推进会，部署推动土壤污染源头管控项目实施，确定技术支撑单位，组建专家团队，及时跟踪土壤污染源头管控项目进展，研讨解决工作推进中的问题。采取的主要管理工作包括以下3个方面。

（1）“上下联动”科学确定项目，实行清单化管理

充分利用《全国土壤污染状况调查公报》成果和全国排污许可证管理信息平台数据，聚焦解决一批土壤和地下水突出生态环境问题，结合区域代表性、行业

示范性和污染物典型性，通过国家和地方“上下联动”，筛选确定了124个具体项目，包括75个企业类项目和49个耕地类项目，涉及27个省级行政区。75个企业类项目聚焦土壤污染突出的化工行业，49个耕地类项目聚焦有色金属行业，其中23个是湖南、广西等地的企业提标改造项目，26个是云南、贵州等地的涉重金属历史遗留矿渣整治项目。根据确保进度、质量优先的原则，确定2022年启动68个项目，2023年启动56个项目，2025年6月前所有项目完成验收。

（2）注重建立工作机制，大力强化调度帮扶

①定期调度机制。按季度开展工作调度，及时掌握已启动实施项目工程进展，发现项目启动和实施过程中出现的问题，督促研究、解决和制订下一步工作计划，确保完成目标任务。②培训交流机制。通过线上和线下相结合的方式，定期召开工作交流会，组织各类技术培训6次，累计培训近5 000人次。通过政策宣贯、课堂教学和现场教学推动土壤污染源头管控项目高质量实施。③问题会商机制。围绕土壤污染源头管控项目实施过程中的重大技术问题和管理问题，针对“实施方案编制—详细设计论证—过程管理—竣工验收”等关键核心环节，组织管理部门和行业专家研讨会商。④调研帮扶机制。制订帮扶指导方案，组建技术帮扶队伍，分省包干，跟踪指导具体项目。各级管理部门和技术支撑单位开展大调研，深入项目现场指导帮扶，国家层面先后赴江西、辽宁、陕西等14个省份现场调研。⑤考核评估机制。将土壤污染源头管控项目纳入污染防治攻坚战考核，制定项目专项评估和源头管控综合成效评估办法。对成效不佳的项目及时分析原因，督促项目单位开展整改，对整改不力的项目进行调整替换，确保项目综合成效。⑥指导土壤污染源头管控项目积极申报中央资金，组织编制土壤污染源头管控项目入库申报要点和实施方案编制要点，指导地方科学制订实施方案，做深做细方案比选和可行性论证工作。

（3）以制定重大工程项目成效评价为抓手倒逼项目全过程管理

生态环境部组织制定了《源头管控项目成效评估技术指南》，目前还处于征求意见阶段。该指南从污染源控制效果、土壤质量改善、环境风险降低、经济效益、社会效益等方面作了详细规定，旨在为土壤污染源头管控项目的成效评估提供系统、科学的方法，确保项目的实施效果和环境效益得到充分体现。

6.1.2 大气污染减排重大项目

通过持续完善顶层设计，生态环境部等五部门于 2019 年 5 月联合印发《关于推进实施钢铁行业超低排放的意见》，进一步细化任务部署、强化责任落实、加大资金支持、健全考核机制、创新试点示范等措施，大气污染减排取得显著成效。截至 2024 年底，国家发展改革委牵头实施 5.7 亿 t 水泥熟料（完成进度 67%）、2.4 亿 t 焦化产能（完成进度 52%）和 2 075 台有色行业炉窑清洁生产改造（完成进度 52%）。生态环境部牵头完成 5.3 亿 t 钢铁产能超低排放改造，通过“超低改造一批、达标治理一批、淘汰落后一批”，推动行业整体转型升级，有力促进空气环境质量改善。石化、化工、涂装、医药、包装印刷等重点行业共排查 15.6 万家涉 VOCs 企业，共发现 6.7 万个问题，完成整改 6.3 万个，整改完成率为 94%。通过实施重点行业 VOCs 污染治理工程，推动行业污染物减排和 VOCs 污染治理技术进步，有力促进空气环境质量改善。有效推进大气污染防治重点区域散煤清零，全国北方地区累计完成散煤治理 3 700 万户左右，推动能源结构优化调整和行业污染物减排，减污降碳协同增效成果显著，有力促进空气环境质量改善。群众告别“烟熏火燎”的煤炉取暖方式，居民健康风险有效降低，生活品质显著提升。工业和信息化部牵头积极培育骨干优势企业，实施环保装备制造业（大气治理）规范条件管理，累计培育 57 家符合规范条件的企业，“十四五”时期以来产业规模持续壮大，对绿色环保产业的贡献和拉动作用明显增强，2022 年环保装备制造业产值超过 9 600 亿元。

6.1.3 水污染防治和水生态修复重大工程

国家高度重视水污染防治和水生态修复工作，由住房和城乡建设部、生态环境部、国家发展改革委、水利部，以及北京市、河北省等，协同系统推进城市黑臭水体治理、重点湖库污染防治和生态修复、重点区域地下水超采综合治理等任务。2022 年、2023 年先后印发《深入打好城市黑臭水体治理攻坚战实施方案》《重点流域水生态环境保护规划》等文件，对“十四五”期间重点流域水生态环境保护、城市黑臭水体治理工作作出明确部署，推动实施重点湖库生态环境保护及污染防治项目，建立重点湖库水华预警防控工作机制。

住房和城乡建设部等部门多措并举巩固地级及以上城市黑臭水体治理成效，推进 363 个县级城市建成区 1 500 段黑臭水体综合治理，深入剖析水污染防治和水生态修复迫切需求，明确"十四五"期间的总体要求和工作目标，结合强化监督、卫星遥感监测等手段，督促指导各地明确城市黑臭水体清单和整治期限，截至 2022 年底，已完成县级城市黑臭水体消除 40%的年度任务目标。

2022 年 6 月，国家发展改革委等六部门联合印发《太湖流域水环境综合治理总体方案》，进一步加强太湖流域、丹江口水库及上游水环境治理，加强调度监督和现场督导，对前期排查问题开展"回头看"，启动丹江口库区及上游入河排污口排查工作，开展尾矿库污染隐患全面排查治理，及时消除一批环境风险隐患。同时，国家发展改革委会同北京、天津、河北、山西 4 省（市）人民政府，多措并举，扎实推进永定河综合治理与生态修复。2022 年 9 月，国家发展改革委、水利部、国家林草局印发《永定河综合治理与生态修复总体方案（2022 年修编）》，发挥部省协调领导机制作用，制定年度工作要点，定期调度任务进展，统筹研究协调解决重大问题，推动工作落实。生态环境部组织北京市、河北省相关部门召开座谈会，研究推进官厅水库上游永定河流域横向生态补偿机制相关工作，京冀双方就水量基准、水质补偿标准及核算等相关内容基本达成一致意见。

2023 年 4 月，生态环境部等五部门联合印发《重点流域水生态环境保护规划》，制定"十四五"国控断面水质目标、河湖生态流量保障目标等 11 个任务措施清单。分析研判水生态环境形势，精准识别突出水环境问题，跟踪督办，统一销号。加强巢湖、滇池、洱海、白洋淀、鄱阳湖、洞庭湖、查干湖、乌梁素海等重点湖库污染防治和生态修复。

水利部发挥牵头抓总作用，以京津冀地区为重点，大力推进华北地下水超采综合治理行动。2023 年 3 月，水利部联合财政部、国家发展改革委、农业农村部印发《"十四五"重点区域地下水超采综合治理方案》，全面部署西辽河流域、鄂尔多斯台地、天山南北麓及吐哈盆地、北部湾地区在内的 10 个重点区域地下水超采综合治理，指导有关地方落实重点区域地下水超采治理工作。针对黄河河口综合治理，生态环境部联合水利部重点实施河湖生态保护治理、减污降碳协同增效、城镇环境治理设施补短板、农业农村环境治理、生态保护修复等五大攻坚行动，累计向黄河河口生态补水 1.91 亿 m^3。水利部加快推进木兰溪综合治理工程前期工作，将其纳入2020年及后续150项重大水利工程，加快推进项目前期工作，采取建立动态台账、按月调度会商、强化督导检查、加强部门协调等措施，指导地方深化工程前期论证。

6.1.4 危险废物“1+6+20”重大项目

2021年，国务院办公厅印发《强化危险废物监管和利用处置能力改革实施方案》，对强化特殊类别危险废物处置能力作出部署。2022年，国家发展改革委制定《关于加快推进城镇环境基础设施建设的指导意见》并报国务院审批，对建设国家和6个区域性危险废物风险防控技术中心、20个区域性特殊危险废物集中处置中心作出部署。

一是加强总体思路的研究和指导。生态环境部研究形成《“十四五”规划危险废物重大工程总体建设思路》。2023年5月，生态环境部联合国家发展改革委印发《危险废物重大工程建设总体实施方案（2023—2025年）》，明确项目建设总体要求、主要任务、组织方式、保障措施及布局安排等，用于指导相关地方和单位申报、建设危险废物“1+6+20”重大工程。

二是大力推动项目建设可行性研究。生态环境部指导相关部属单位分别编制国家和华东、华南区域危险废物技术中心项目建设方案和可行性研究报告，其中可行性研究报告拟按照“成熟一个、报送一个”的原则报送国家发展改革委；积极协调办理国家危险废物技术中心用地相关手续；指导辽宁、湖北、四川、陕西分别编制东北、华中、西南、西北区域危险废物技术中心项目建设方案和可行性研究报告。

6.1.5 “十四五”生态环境重大工程组织管理主要经验分析

综上所述，国家层面“十四五”生态环境重大工程的组织管理经验主要包括：

一是要有强有力的组织管理团队和强有力的技术支撑团队，能够高度重视重大工程项目全过程管理，技术团队能够提供强有力的项目组织管理经验支持和工程项目技术上的经验支持。

二是高度重视顶层文件的研究编制。顶层设计文件类似于规划，发挥着规划的作用。在顶层文件中解决项目管理制度、项目组织实施责任分工、资金保障等组织管理问题，从而更好地保障重大项目的实施。

三是重视子项目设计的质量和空间布局的合理性，有明确的问题导向和目标导向，“上下联动”共同确定一批高质量的子项目清单。

四是明确项目全过程管理流程和制度保障，确保项目管理顺畅和高效。

五是高度重视项目实施成效评估，尽早明确项目评估内容和评估方法，引导项目实施者合理使用评价方法和评价内容，在项目实施过程中突出重点，以取得较好的成效。

6.2 “山水工程”案例分析

“十四五”期间我国积极践行“山水林田湖草沙是一个生命共同体”的理念，坚持系统治理，统筹考虑生态系统的完整性和自然地理单元的连续性，组织实施了 50 多个山水林田湖草沙一体化保护和修复工程（以下简称“山水工程”），累计完成治理面积 8 000 万亩（1 亩≈667 m^2），是我国典型的生态环境保护重大工程。该重大工程组织管理的主要做法包括以下 4 个方面。

（1）高度重视顶层设计，编制重大工程实施规划

充分发挥规划引领作用，2020 年国家发展改革委、自然资源部共同制定《全国重要生态系统保护与修复重大工程总体规划（2021—2035 年）》（以下简称《总体规划》），《总体规划》确定了我国将实施青藏高原生态屏障区生态保护和修复重大工程、生态保护和修复支撑体系重大工程等 9 大重点工程，要求编制各重大工程的专项建设规划，形成全国重要生态系统保护和修复重大工程“1+N”规划体系。《总体规划》确定了我国重要生态环境保护与修复重大工程项目的空间布局、主要目标指标、主要任务，以及相配套的修复技术体系建设任务、能力建设任务等。在《总体规划》指引下，2021 年和 2022 年中央财政先后支持了 10 个和 9 个“山水工程”项目，中央财政分批次对这些项目连续支持 20 亿元。《总体规划》的制定发挥了重要作用，确定了全国重要生态系统保护与修复重大工程的总体布局和体系构成，直接指导制度体系建设、技术体系建设，指导各省份开展重点区域“山水工程”项目的设计、申报和实施，体现出重要生态系统保护与修复重大工程的系统性、全局性、前瞻性和全面性。

（2）大力建设工程项目技术支撑体系

在《总体规划》的指引下，2020 年 8 月，自然资源部会同财政部、生态环境部制定了《山水林田湖草生态保护修复工程指南（试行）》，提出了工程建设内容及保护修复要求、技术要求，监测评估和适应性管理、工程管理要求，以及“山水工程”目标分解表和生态监测推荐指标等内容。2021 年，国家发展改革委等部门印发《生态保护和修复支撑体系重大工程建设规划（2021—2035 年）》，2022 年，自然资源部组织编制了《国土空间生态保护修复工程实施方案编制规程》。根据《总体规划》要求，2022 年 7 月，自然资源部发布了 7 项推荐性行业标准。综上所述，《总体规划》全面提出了技术支撑体系建设任务，在发布后逐项予以落实，通过《总体规划》的带动牵引作用，“山水工程”技术体系有序发展、不断健全，有效支撑了“山水工程”的实施，发挥了重要的技术支撑保障作用。

（3）择优选择“山水工程”，调动申报积极性

在项目申报方面，“山水工程”采取竞争性评审方式，择优选择支持项目，大大调动了各地积极性并提高了策划设计质量。通过资格初审、公开答辩、专家评审、网络公示等方式公开“赛马”，充分调动了申报地的积极性，提高了项目策划设计质量。“山水工程”项目由政府分管领导亲自抓、带队汇报，相关部门参与，实现了高位推动。这就使“山水工程”从一开始就得到了地方领导的高度重视和各相关部门的密切配合与支持。

（4）地方高度重视“山水工程”项目实施，建立有力的组织实施机构

一些地方在“山水工程”建设过程中采取了专班推进、督导促进等方式。有的地方建立了以市委主要领导为组长的领导小组，下设“山水工程办”，专门负责项目的建设、协调，及时解决项目建设中的难题。有的将工程建设情况纳入地方党委、政府的年度目标绩效考核，压实党委、政府责任。注重部门协同，形成合力。例如，四川省建立了项目季度现场督导机制，由省自然资源厅、省生态环境厅、省财政厅和省林草局四部门轮番牵头督导，每季度由牵头部门选派一名厅领导带队，赴项目现场办公，从省级层面保障项目推进，取得了较好的效果。

6.3 高标准农田建设工程

高标准农田建设工程是为破解耕地资源约束、保障国家粮食安全、推进农业现代化而实施的国家战略工程。2021 年，农业农村部印发《全国高标准农田建设规划（2021—2030 年）》，确立“到 2030 年建成 12 亿亩高标准农田”的刚性目标，将其纳入党政同责考核体系，并写入“中央一号”文件，构建起“中央统筹—省级负总责—市县落实”的垂直管理机制。高标准农田建设工程实施以来取得显著成效，东北黑土区耕地质量较 2015 年提升 0.6 个等级，华北地下水超采区压减 50%以上，新疆高效节水农田亩均增收超过 800 元，浙江“稻田+”种养模式实现亩产值破万元，真正实现生态效益与经济效益“双赢”。

高标准农田建设工程在组织管理方面体现了系统性改革思维和治理能力现代化的特点，突破传统耕地治理模式，形成治理能力现代化的“五维体系”，为粮食安全与农业现代化提供坚实保障。

（1）创新规划管理机制，构建全域统筹发展格局

强化顶层设计。以《全国高标准农田建设规划（2021—2030 年）》为总纲，细化“优先永久基本农田—粮食主产区—黑土地保护区”三级建设序列。规划明确省级年度任务配额，如 2023 年河南、山东均超过 800 万亩建设目标。农业农村部在空间规划中引入“三线管控”（耕地红线、生态保护红线、永久基本农田红线）机制，2023 年，农业农村部通过卫星遥感核查发现并纠正 87 起违规占补平衡案例，确保新增耕地质量达标率 100%。

深化技术创新。建成国家级农田数字化管理平台，运用数字孪生技术构建全国农田“一张图”平台，集成土地确权数据、土壤墒情监测、气象灾害预警等 27 类数据图层，实现项目选址、施工调度、管护评估全链条可视化。例如，江苏盐城试点“智能选址算法”，通过机器学习分析近 10 年作物产量与地形、水文的关系，优化项目布局后亩均增产达到 19%。

（2）制度性保障体系：从权责模糊到法律护航

完善政策法规。构建“1+N”政策矩阵，农业农村部发布《中华人民共和国土地管理法》《中华人民共和国黑土地保护法》《高标准农田建设质量管理办法（试

行)》等 22 项专项政策，明确“田长制”中省、市、县、乡、村五级责任清单。例如，安徽省对田长实行“月巡查、季考评、年奖惩”，将管护责任与干部绩效工资挂钩，2023 年农田设施完好率较制度实施前提升了 43%。

创新权益机制。创新“耕地占补平衡指标跨省交易”机制，发达地区通过支付生态补偿金取得中西部省份的高标准农田建设资格，截至 2024 年，交易金额突破 800 亿元，浙江义乌凭借此项机制额外获得 3 万亩建设资格。农户以土地承包权入股项目公司，可获得每亩 3%的年度分红，广西试点区农民年均增收超过 2 000 元。

（3）强化法治保障能力，健全标准化制度体系

优化财政投入。中央财政设立“高标准农田建设转移支付专项”，资金分配引入“绩效因子法”（任务量×30%、粮食产量×40%、建后管护×30%），2023 年奖励河南、山东等超额完成任务省份资金 28 亿元。发行全球首只农田建设专项债，上海证券交易所挂牌的“乡村振兴—高标准农田债券”累计融资 150 亿元，平均利率低于市场水平 1.2 个百分点。

激发市场活力。创建“财政资金补贴+PPP 项目+耕地指标质押”混合融资模式。云南引入社会资本 32 亿元建设元阳梯田项目，运营方获得 20 年项目区农产品优先采购权及“农业碳汇指标”开发收益，内部收益率提升至 8.7%。2024 年，全国社会资本投入占比达历史峰值 21%，撬动资金杠杆率达 1∶4.3。

丰富金融产品。开发“高标准农田贷”“质量保险”等定制产品。工商银行对建成验收的高标准农田发放抵押贷款，授信额度最高达评估价值的 70%，内蒙古自治区通辽市合作社借此融资扩建节水设施，玉米单产从 550 kg/hm^2 增至 780 kg/hm^2。太平洋财险推出“建后管护综合险”，承保因自然灾害导致的工程损毁风险，赔付时间缩短至 7 天。

（4）健全监管体系，实现长效管护

建立全过程穿透式监管机制。运用区块链技术建立不可篡改的“农田建设档案链”，施工方需按节点上传工程影像、材料质检报告等资料，监理单位通过 AI 图像识别核验资料真实性。安徽建立“红黄蓝”三色预警机制，对进度滞后项目亮黄牌约谈负责人，对红牌项目取消次年申报资格。

创新质量追溯体系。实行“终身负责制+二维码身份证”管理，每块建成农田生成专属二维码，扫码可查看建设方、监理方、验收方信息。河南省试点“工程

质量保险”，保险公司委托第三方机构每年复查工程质量，2023 年理赔金额的 73% 用于解决灌排设施老化问题。

6.4 生态环境领域重大工程典型案例分析

为充分总结重大工程经验与不足，生态环境部综合司组织各省（区、市）围绕组织管理、制度保障、工作方法、资金支持、结果导向等方面推荐了一批具有示范意义的典型案例（表 6-1）。以“推进生态环境领域重大工程实施”为主题陆续发布了 12 个重大工程典型案例，宣传推广各地推进生态环境领域重大工程实施的经验、启示。12 个典型案例来自 10 个省级行政区，其中华东地区 5 个，华中地区 3 个，西南地区 3 个，华南地区 1 个。

表 6-1 生态环境领域重大工程典型案例统计

序号	省（区、市）	案例名称	主要内容	主要启示
1	安徽省蚌埠市	蚌埠市以实施“靓淮河”工程为抓手，推动淮河生态蝶变	践行“绿水青山就是金山银山”理念方面	总结通过生态环境领域重大工程带动地区经济效益、生态效益、社会效益融合和共赢的启示和实践经验
2	安徽省安庆市	安庆市实施江豚保护重大工程，守护长江微笑天使	目标倒逼方面	总结以生态环境领域重大工程促进中央生态环境保护督察问题整改，实现生物多样性保护和修复等方面的启示和实践经验
3	福建省	福建省大力实施“项目工作法”，推进环境治理产业化	结果导向方面	总结推进生态环境领域重大工程对培育新的增长点、推动绿色低碳产业发展、促进高质量发展方面的启示和实践经验
4	福建省	宁德市实施海上养殖综合整治重大工程，奏响“海上田园”新乐章	工程实施方面	总结在应用“三线一单”生态环境分区管控、用好环境准入清单方面，指导重大项目实施建设的启示和实践经验
5	山东省乐陵市	乐陵市推进国家级 EOD 试点项目，以高水平保护促进高质量发展	EOD 试点方面	全域推进国家级 EOD 试点项目实施，建立生态环境保护与经济社会发展协同推进长效机制，以生态环境质量提升促进经济社会高质量发展，形成生态环境保护与经济社会高质量发展双提升的乐陵经验

序号	省（区、市）	案例名称	主要内容	主要启示
6	河南省南阳市	南阳市坚持规划引领，推动生态环境领域重大工程实施	项目谋划方面	总结“规划引领”对生态环境领域重大工程项目谋划、实施的指导作用和经验启示
7	湖北省	湖北省一体化推进山水林田湖草系统治理，打造生态保护修复“三峡样本”	组织机制、资金支持方面	省市县、各部门一体化合力推进，对推进生态环境领域重大工程实施的机制、组织、落实、监管等方面的启示；中央和地方资金配套使用方面，如三峡集团、葛洲坝集团等央企国企在推进生态环境领域重大工程发扬担当、政企合力的做法、经验
8	湖南省永州市	十大生态环境保护项目助推美丽永州建设	结果导向方面	总结在推进生态环境领域重大工程实施中，将生态环境保护融入高质量发展，构建有区域特色的绿色发展体系的启示和实践经验
9	广东省	以推动环境基础设施为重点，探索美丽中国珠海实践新路径	组织管理方面	总结在组织领导、统筹谋划、调度管理、先行示范方面，对生态环境领域重大工程的谋划、实施、管理的启示和实践经验
10	贵州省贵阳市	实施南明河治理重大工程，凝练喀斯特地区流域综合整治的贵阳经验	资金渠道方面	总结引入社会资本参与生态环境领域重大工程实施的经验做法、启示，如何发挥社会资本的技术、管理等优势来提升推进生态环境领域重大工程实施力度
11	云南省保山市	一盘棋实施生态保护重大工程，保山市生态环境保护成效明显	工作方法方面	总结织牢“一张网”、布好“一盘棋”、拧成“一股绳”、护好“一座山”对推进生态环境领域重大工程实施、保障工程实施效果方面的积极作用和实践启示
12	西藏自治区拉萨市	拉萨市南北山绿化工程创新社会力量，参与环境治理模式	社会力量参与方面	总结在推进生态环境领域重大工程实施过程中，规范引导社会力量参与，构建适合地方特点的环境治理模式的启示和实践经验

上述 12 个典型案例提供了生动材料。通过总结每个案例的经验与不足，可以看出在推进生态环境领域重大工程的过程中，要处理好以下几点关系。

（1）处理好重大工程谋划与补短板的关系

在项目谋划阶段，充分调查研究，摸清底数，切实找到问题的主要方面，切实推动解决群众身边的突出生态环境问题，充分征求人民群众的意见，治理方案要“接地气”，环境效益要突出。在项目实施阶段，要更加深刻地把握久久为功的战略定力，沿着既定的路线不动摇、不折腾，循序渐进，坚持“一张蓝图绘到底”，切实解决人民群众关心的生态环境问题。通过重大工程项目的实施，不断补齐生态环境问题短板。

（2）处理好重大工程重点攻坚和协同治理的关系

生态环境治理是一项系统工程，既要抓住主要矛盾和矛盾的主要方面，以重点突破带动全局工作提升，又要注重统筹兼顾、协同推进，不断增强各项工作的系统性、整体性和协同性。这就要求在重点区域、重点领域、关键环节采取有力措施治理突出的生态环境问题，同时做足统筹协调的大文章。要坚持“项目跟着规划走”原则，全面梳理、精准识别“十四五”后半程生态环境保护重点任务、生态环境领域重大工程短板，通过自下而上和自上而下相结合的方式，储备一批高质量重大工程项目。

（3）处理好重大工程效益和效率的关系

努力实现环境效益、经济效益、社会效益“多赢”。充分利用重大工程台账系统、中央生态环境资金项目储备库等，定期筛选有融资需求、有示范效应、环境效益和经济效益突出的项目，联合有关部门和金融机构等，加大对成熟度高的重大工程项目金融支持力度，共同推动项目落实落地。着力强化资金等方面的支撑保障。各级生态环境部门要做好与相关部门的沟通衔接，加强对重大工程项目实施的指导帮扶，积极协调用地、用能、资金等要素保障问题，打通重大工程项目实施全链条，促成跨区域、跨流域、多要素协同的重大工程的谋划与实施。切实提高重大工程的综合效益。

（4）处理好重大工程管理和创新的关系

充分挖掘在组织领导、统筹谋划、调度管理、先行示范方面的体制机制创新，不断总结生态环境领域重大工程的谋划、实施、管理的启示和实践经验。总结引入社会资本参与生态环境领域重大工程实施的经验做法、启示，充分发挥社会资本的技术、管理等优势来加大生态环境领域重大工程实施力度。规范引导社会力量参与，构建适合地方特点的环境治理模式。大力鼓励创新，不断提高重大工程谋划、建设和管理能力。

6.4.1 践行“绿水青山就是金山银山”理念案例——安徽省蚌埠市以实施“靓淮河”工程为抓手，推动淮河生态蝶变

安徽省蚌埠市地处淮河流域中游，是《淮河生态经济带发展规划》明确定位的淮河流域区域性中心城市，长三角一体化发展、长江经济带、淮河生态经济带、中原经济区等重大国家战略和区域战略高度叠加。蚌埠市委、市政府深入践行“绿水青山就是金山银山”理念，以实施主城区淮河河道生态修复工程（“靓淮河”工程）为抓手，向生态环境系统治理要效益，打造发展与保护融合共赢的“蚌埠方案”。

（1）多措并举实现淮河由“治”到“靓”

深入推进“水岸同治”生态修复。坚持凡土必绿、能绿尽绿、贯通水系、净化水质，结合城市排水口和排污口整治，规划建设多个亲水公园。利用淮河丰水期短、枯水期长和丰枯水位变化大的特点，通过临水滩地削坡、近堤滩地抬高，形成坡度 1∶10～1∶8 的堤防迎水面大缓坡，因地制宜建成枯水期湿地公园、丰水期过洪的滩地形态。

加强防洪排涝、供水补水能力建设。完成河道切滩、拓槽、疏浚、清淤土方 480 万 m^3，拓宽主河道至 500 m，主河槽泄洪断面增大 30%。利用清淤弃土加固堤坝背水面，构筑堤顶宽度 35～65 m 的“超级堤防”。实施总投资 3.37 亿元的龙子湖枢纽工程，系统解决城市内涝、龙子湖补水、方邱湖片区排涝灌溉等问题。

实施配套工程建设。通过河道挖深等措施，使主航道下沉至 8 m 高程，新增 4 m 水深，运能大幅增加。南、北滨河大道建成通车，缓解交通拥堵压力。打造“文化长廊”“体育公园”，增设娱乐设施，全面优化蚌埠主城区淮河两岸环境，打造“城市客厅”。

（2）顺应民心建设长治久安“幸福河”

持续改善淮河水生态环境。项目实施以来，已新增水面约 700 亩、城市绿地约 3 300 亩，年净化污水约 912.5 万 t，淮河干支流水环境质量持续改善，淮河蚌埠闸上、沫河口国控断面水质持续稳定在Ⅲ类及以上，2023 年 5 月淮河干流蚌埠

段上游断面水质达到Ⅲ类、下游断面水质达到Ⅱ类。

着力构筑城市安澜防洪系统：一是有效提高城市防洪标准，减轻汛期防洪压力，确保城市安全；二是河道蓄水能力新增 480 万 m^3，全面提升“留水”“用水”效益；三是龙子湖枢纽工程建成后，将使城市东片区排涝标准由 20 年一遇提高至 30 年一遇，同时新增 8 m^3/s 的灌溉补水功能，使城市防洪排涝供水蓄水补水标准大幅提升。

全面释放经济效益和社会效益。根据现状摸排和现行基准地价测算，通过实施“靓淮河”工程，沿线可挖潜约 2.7 万亩土地，可实现居住、商业商务、产业三大类出让收益总计超过 70 亿元的目标。通过建设主题公园，赋能地域人文历史文化内涵，补齐公共服务功能短板，打造市民游览观光、休闲健身的优选地。

（3）打造淮河生态环境治理“蚌埠方案”

塑造了“人水和谐共生”的绿色生态城市格局。明确将生态资源和生态规律置于首位，在保护和修复淮河生态的基础上进行综合治理，对淮河主城区段的原始生态、荒野状态进行保护性开发和重塑，使其成为贯穿主城区的“生态绿轴”“城市绿肺”“市民公园”，顺应了城市发展需要和两岸群众生产生活需求。

推进了“发展保护协同共进”的拥河发展城市模式。通过生态系统治理、沿线路网建设、区域环境更新，挖掘生态经济价值，持续改善淮河沿岸面貌，显著提升中心城区形象，不断优化城市格局和经济布局，推动人气向沿岸集聚、商业布点向沿岸集中，有力撬动两岸商业、文化、观光、健身、养生、旅游等产业，形成拥河发展的新形态。

实现了“综合施策、系统治理”的科学城市治理体系。统筹推进治水、管水、保水、护水和兴水工作，增强淮河蚌埠主城区段的生态、防洪、人文、经济等功能，进一步实现“水清、河畅、堤固、岸绿、景美、人和、业兴”的有机统一，聚集了淮河流域生态系统综合治理的叠加效应，为淮河流域的水生态系统治理提供了“蚌埠方案”。

6.4.2 EOD 试点项目——山东省乐陵市推进国家级 EOD 试点项目，以高水平保护促进高质量发展

山东省乐陵市牢固树立“生态优先、绿色发展”理念，坚持问题导向，针对

辖区生态环境治理难题，全域推进国家级 EOD 试点项目实施，建立生态环境保护与经济社会发展协同推进的长效机制，以生态环境质量提升促进经济社会高质量发展，形成生态环境保护与经济社会高质量发展双提升的乐陵经验。

（1）全域推进 EOD 试点项目实施

加强领导，形成全域推进工作合力。乐陵市深入贯彻落实习近平生态文明思想，自觉践行“绿水青山就是金山银山”理念，2022 年获批国家级 EOD 试点项目。为切实抓好 EOD 试点项目在乐陵市全域推进，进一步推动生态环境保护和经济社会高质量发展，乐陵市成立了市政府主要领导任组长的 EOD 试点项目推进工作领导小组，授权乐陵市城市资产经营建设投资有限公司作为 EOD 项目的实施主体，形成了“政府领导—国企实施—金融扶持—分类推进”的推进机制，凝聚了 EOD 试点推进的强大合力。

整合资源，构建资金保障体系。积极对接国家开发银行、中国农业发展银行等金融机构，争取到位资金 11.4 亿元，周期长、利率低、手续便捷的政策性融资为实施生态环境治理工程提供了强有力的资金保障。乐陵市城投公司联合乐华投资等 4 家市属国企，打造生态治理、关联产业建设投资、运营、管理一体化综合性推进平台，项目自筹资金充足。乐陵市 EOD 项目共 13 项重点工程，截至 2024 年底，农村黑臭水体治理工程已完工，水系连通及水环境治理工程等 5 项工程已开工建设，关联项目乐陵市生态食品产业、红枣产业已形成完整的产业链。

惠民富民，推动绿色高质量发展。通过 EOD 项目实施，振兴乐陵市红枣产业，通过实施枣药间作、枣豆间作、林下养殖等生产模式，构建了生态农业与生态保护相互支撑的工作格局。实施农业废弃物资源化利用工程，将禽畜粪污、生活垃圾等制成有机肥料，反哺枣林土壤改良和生态产业种植，打造整体生态经济“循环链”。

（2）环境提升促进高质量发展

生态环境质量持续改善。2024 年 1—5 月，乐陵市环境空气质量同比继续保持改善势头，优良天数比例为 82.8%；各国控、省控断面水质均达III类标准。

绿色经济健康发展。截至 2024 年底，EOD 项目中总投资 8.5 亿元的乐陵市生态食品产业园共享产业基地建设工程已初具规模。吸引好邦食品、北京晓麦铺、安井食品等入驻，形成完整的食品产业链，预计年产小枣 1.8 亿斤，年销售枣制品 1.5 亿斤，产值 33.2 亿元，带动 5 万枣农增收致富。

环境治理机制不断完善。EOD 项目的推进，提高了社会资本和公众参与生态环境治理的积极性，营造了全社会共同推进环境治理的浓厚氛围。通过实施枣药间作、枣豆间作、林下养殖等生产模式，农民实现土地流转收入、管护分红、劳务服务收入、林下经济收益等 4 项收入，群众满意度、获得感不断提升。

（3）以生态环境领域重大工程促进高质量发展的乐陵经验

推进生态环境领域重大工程实施，必须因地制宜，做好顶层设计。深入贯彻落实习近平生态文明思想，践行绿水青山就是金山银山理念，必须以环境问题为导向，实事求是、因地制宜地实施生态环境治理。乐陵市以生态环境面临的突出问题为导向，把提升生态环境质量作为生态文明建设的主攻方向，全域实施 EOD 试点项目，以生态环境质量持续改善促进经济社会高质量发展。

推进生态环境重大项目实施，必须整合资源，不断加大投入力度。一直以来，乐陵市委、市政府高度重视生态环境治理，把生态环境治理纳入区域发展、城乡建设、产业布局等相关规划，系统整合、共同实施。同时，持续加大各类资金整合力度，累计投入达 22 亿元，实施生态环境领域重大工程，推动生态环境的持续改善。

推进生态环境领域重大工程项目实施，必须加强领导，突出统筹联动。EOD 试点项目实施是一项系统工程，涉及面广、工作量大、政策性强，必须形成多方联动、齐抓共促的良好格局。乐陵市坚持系统思维，持续加强组织领导，强化统筹指导，形成了 EOD 试点的强大合力和良好氛围，探索形成了“绿水青山”转化为“金山银山”的乐陵经验。

6.4.3 项目谋划案例——河南省南阳市坚持规划引领，推动生态环境领域重大工程实施

河南省南阳市是南水北调核心水源地和渠首所在地、淮河发源地，素有北方的“大水缸”、中原的“大粮仓”、中华的“铁脊梁”、生物的“大观园”之称。自 2021 年以来，南阳市坚持以习近平生态文明思想为指引，突出区位特点和省域副中心城市定位，全面落实《“十四五”生态环境保护规划》，推进生态环境领域重大工程实施，为副中心城市建设增添生态底色。

（1）聚焦规划任务，推进重大工程谋划

深入打好污染防治攻坚战。层层分解《“十四五”生态环境保护规划》目标任务，将每年的污染防治攻坚工作项目化、清单化、具体化，围绕重点难点和区域特点，科学谋划重点项目 254 个，其中 73 个项目入选国家级、省级规划，为深入打好污染防治攻坚战提供了坚实的项目保障。

推进生态文明示范创建。编制《南阳市城市生物多样性保护规划》，持续加强外来物种风险评估监测，不断完善生物多样性保护制度，积极开展生物多样性宣传，着力提升生物安全管理水平。颁布实施生态文明建设地方性法规《南阳市生态文明建设促进条例》，印发《南阳市国家生态文明建设示范市规划》，明确路线图和时间表，定期召开市、县、乡、村四级专题会议，通过专班推进、专人负责、专家指导，在全市掀起生态创建热潮。

推动绿色低碳转型发展。制定《南阳市碳达峰实施方案》，推动形成碳达峰、碳中和与生态环境保护统筹融合的工作格局。围绕美丽中国建设目标，制定《深入推进美丽南阳建设实施方案》，加快推动全面绿色低碳转型和建设天蓝地绿水秀的美丽南阳。印发《南阳市建设高效生态经济引领区实施方案》，建立生态产品价值实现机制，提升科技创新能力，实现生态优势向经济优势转化。

（2）明确规划目标，擦亮南阳绿色名片

生态环境质量显著提升。通过推进生态环境领域重大工程实施，厚植生态优势，提升环境质量。2022 年，南阳市环境空气质量实现“两降一升”，主要监测指标再上新台阶；32 个国控、省控断面达标率为 100%，优良水体断面比例达 100%；全市土壤环境质量总体保持稳定，人民群众对良好生态环境的获得感、幸福感不断提升。

南水北调水质持续稳定。丹江口库区陶岔取水口水质稳定达到地表水 II 类标准，累计调水超过 550 亿 m^3，南水北调中线工程实现“一泓清水北上”的目标。

生态文明建设成果丰硕。2022 年 11 月 19 日，南阳市荣获“国家生态文明建设示范区”称号。在联合国《生物多样性公约》第十五次缔约方大会上，南阳作为中国 6 个城市之一，成功入选首届“生物多样性魅力城市”。“十四五”时期以来，新命名 2 个“国家生态文明建设示范县”、1 个“绿水青山就是金山银山”实践创新基地。

（3）坚持规划引领，推动项目落地见效

筑牢责任体系，推动规划重点项目实施。南阳市委、市政府定期研究生态环境保护工作，修订完善《生态环境保护责任清单》，形成分析研判、决策部署、调度指挥一体化管理体系。

拓宽融资渠道，为项目实施提供资金保障。成功申报白河流域EOD试点项目、镇平县赵河流域生态环境治理与三产融合开发EOD项目，合计投资115.95亿元；申报中央生态环境资金项目133个，入库63个，总投资16.28亿元，为规划落实提供有力资金保障。

健全体制机制，推动项目落地见效。建立联席会议制度、项目动态调整机制和督查考核机制，加强部门协作，形成工作合力；将各县（市、区）承担的任务纳入污染防治成效考核和年度绩效考核，推动规划落地。

增强群众认同感，营造全民参与的浓厚氛围。“南阳蓝”刷爆朋友圈，丹江水润泽京津冀，人民群众对生态环境保护的参与度明显增加，天蓝水碧大家呵护，节约环保蔚然成风，绿色低碳成为社会新风尚。

7 发展与展望

7.1 发展现状与核心成果

“十四五”期间，我国生态环境领域重大工程在战略规划、技术创新、管理模式和综合效益等方面取得显著进展。截至 2023 年，全国生态环境领域重大工程项目库已储备项目超过 1.4 万个，总投资规模达 2.5 万亿元，累计完成投资 6 000 亿元，带动环保产业规模突破 3 万亿元，创造就业岗位 450 万个。标杆性重大工程如长江经济带“共抓大保护”、黄河流域生态修复等，通过系统性治理实现水质优良断面比例提升至 97.1%，生态修复面积超过 12.8 万 hm^2，成为国家生态文明建设的核心抓手。

在技术创新领域，污染治理技术实现多维突破。

大气治理：京津冀及周边地区 $PM_{2.5}$ 浓度较 2015 年下降 56%，臭氧浓度上升趋势得到遏制。

水体修复：长江经济带“水下森林”技术使重点湖库富营养化面积减少 32%。

土壤修复：湖南长株潭地区稻米镉达标率从 35%提升至 98%，修复成本降低 40%。

在管理模式上，EOD 模式创新成效显著。重庆广阳岛项目通过“生态修复+文旅开发”吸引社会资本 12 亿元，带动土地增值超过 30 亿元；永定河综合治理引入 PPP 模式，政府年付费减少 15%，社会资本内部收益率提升至 8.7%。数字化监管平台建设加速推进，太湖流域 AI 算法实现对蓝藻暴发 72 h 预警，预警准确率达 92%。

7.2 现存挑战与矛盾剖析

尽管成果显著，生态环境重大工程仍面临深层次矛盾。

顶层设计与实施脱节：省级规划中仅 32%的工程与目标建立了定量关联，63%的项目直接复制上级任务，缺乏本地化设计。

标准体系滞后：新污染物治理、气候适应性设计等领域标准缺失，73%的生态修复指标为定性描述，导致跨区域治理成本增加 40%。

资金保障不足：2023 年中央生态环境资金增速（4.7%）低于通胀水平，地方配套资金到位率仅 68%，某流域治理项目因资金缺口停工 9 个月。

跨区域协同低效：34%的跨省工程因审批标准冲突延误工期，某河道整治方案调整耗时 13 个月。

这些矛盾本质上是制度供给与治理需求的结构性错配，亟须系统性改革。

7.3 未来发展方向与战略路径

7.3.1 构建“战略—规划—工程”传导机制

目标量化映射：建立美丽中国建设指标与重大工程的定量关联模型，将碳排放强度、生态产品总值（GEP）纳入“十五五”约束性指标。

双向反馈通道：完善“自上而下”任务分解与“自下而上”需求响应机制，推广福建省“项目工作法”，实现任务清单化、管理动态化。

区域协同治理：在京津冀、长三角等国家战略区实施跨流域治理工程，建立“统一规划—联合审批—协同监管”机制，将跨省项目审批周期缩短至 6 个月内。

7.3.2 推进标准体系现代化

填补标准空白：2025年底前完成200项标准修订，重点制定新污染物治理、气候适应性设计等技术规范，推动VOCs排放浓度、土壤修复成本等指标与国际接轨。

强化标准衔接：建立环境工程与行业标准冲突解决机制，如钢铁超低排放改造中统一颗粒物限值为10 mg/m^3，减少企业重复投资。

本土化技术标准：研发土壤修复低成本技术（目标修复成本≤400 元/m^3），推广湖南“植物萃取-钝化联合技术”，降低对欧美标准的依赖。

7.3.3 创新多元化资金保障

财政工具创新：试点发行生态修复专项债，建立环境治理收益权质押融资制度，力争将社会资本占比从18%提升至35%。

市场化激励机制：扩大EOD模式应用，将土地增值收益的30%反哺生态修复，推广重庆广阳岛“生态+产业”组合开发经验。

绿色金融深化：开发“碳中和债券”“生态保险”产品，对达标项目提供利率优惠（基准利率下浮10%～15%）。

7.3.4 深化数字技术融合应用

智能监测网络：建设“空天地”一体化平台，集成卫星遥感（0.5 m分辨率）、无人船、物联网传感器等，实现污染溯源准确率≥95%。

数字孪生系统：在雄安新区、深圳茅洲河等工程中应用建筑信息模型（Building Information Modeling，BIM）技术，施工误差控制在±3 cm，材料损耗率降低18%。

决策支持模型：开发环境容量测算、碳汇潜力评估等AI算法，支撑工程方案优化效率提升40%。

7.4 制度创新与保障体系

7.4.1 完善绩效评估机制

三维评价体系：建立环境效益、经济效益、社会效益综合评估模型，设置28项核心指标，将“环境质量改善”权重提升至60%。

依效付费模式：在EOD项目中推行绩效合同，将政府付费与水质提升、碳汇增量等指标挂钩，如洱海治理工程实现Ⅱ类水质连续5年达标后政府才支付尾款。

动态考核机制：每季度开展项目“红黄蓝”预警，对进度滞后超过20%的项目亮黄牌约谈，超过30%的亮红牌取消资格。

7.4.2 强化风险防控

气候适应性设计：修订工程设计规范，纳入极端天气情景模拟（如降水量波动±30%），华北某生态补水工程通过动态调水使湿地退化率降低50%。

社会风险管控：重大工程社会稳定风险评估执行率提升至90%，建立“环境圆桌会议”制度，公众意见采纳率从15%提高到45%。

7.4.3 培育创新生态

产学研协同：建设10个国家级生态环境技术创新中心，推动“揭榜挂帅”机制的实施，对攻克重金属污染治理等“卡脖子”技术的团队给予500万～1 000万元奖励。

人才激励机制：实施“生态工程师”认证制度，对参与标杆性重大工程的技术骨干给予职称评审绿色通道，培育复合型人才队伍。

7.5 展望：迈向2030年的生态文明新格局

（1）积极组织地方申报标杆性重大工程，择优在全国示范与推广

实施生态环境领域重大工程是推动《“十四五”生态环境保护规划》目标落实、

持续改善生态环境质量的有力抓手，是深入打好污染防治攻坚战、扩大生态环境领域有效投资的重要支撑。建议积极组织地方申报标杆性重大工程案例，开展标杆性重大工程项目筛选，树标杆、当典范、做表率，总结经验做法并推广。谋划和实施一批环境效益、经济效益较好的标志性重大工程项目。

（2）研究提出标杆性重大工程价格补贴、财政激励等与重大工程实施配套的重大政策

开展资金投入量化测算，根据重大工程项目规模，选取合适的投资测算方法测算资金投入（建设投资和运行经费），并基于事权划分区分中央和地方政府、企业等所需资金及筹措渠道制订投资计划；设计入库项目技术筛选机制，以强化工程与“十四五”规划目标、任务支撑性和关联性为导向，在建立重大工程项目库框架的基础上，征集各省级部门“十四五”生态环境领域重大工程，并通过建立入库筛选机制，建立较为翔实的重大工程项目库；强化工程实施的综合配套政策保障，针对各类重点工程，研究提出价格补贴、财政激励等与重大工程实施配套的重大政策，用以补贴工程后期部分维护、监管监测等费用。

（3）探索推动标杆性重大工程污染物减排纳入污染物总量减排核算范围

我国污染物总量减排是旨在改善环境质量、减少污染物排放，采取的一系列措施和政策，以控制和降低特定污染物的总排放量。当前，污染物总量减排确定需要控制的污染物种类通常包括空气、水和土壤中的主要污染物，如二氧化硫（SO_2）、氮氧化物（NO_x）、颗粒物（$PM_{2.5}$ 和 PM_{10}）、化学需氧量（COD）、氨氮等，这些物质是环境污染的主要来源。建议开展各类重大工程规模和绩效目标量化测算，基于各要素领域规划目标、指标、任务，对所需实施的重大工程按行业、区域、重点问题等匡算工程量和绩效目标。标杆性重大工程项目污染物减排量经专家评审并按程序报生态环境部同意后，纳入核算范围。

附录：标杆性重大工程谋建标准

标杆性生态环境重大工程

（战略性、引领性、全局性的重大生态环境保护工程项目）

一级指标	二级指标	指标说明	备注
补短板	中央生态环保督察项目	省级中央生态环保督察督办项目	
	省级重大工程项目评估弱项	依据省级重大工程项目库评估弱项工程	
	攻坚战成效考核弱项	省级攻坚战成效考核弱项	
	环境基础设施补短板项目	生活垃圾分类和处理设施	全面推进资源高效利用，建设促进提高清洁能源利用水平、降低二氧化碳排放的生态环境保护设施
		生活污水收集及资源化利用设施	
		危险废物、医疗废物处置设施	
		固体废物处理设施（污泥无害化处理）	

一级指标	二级指标	指标说明	备注
创新	管理模式创新	制度管理：创新编制项目管理制度，建立了完善的项目实施长效机制（包含重大工程专项规划）	
		技术管理：数字孪生与智慧化管理平台创建与应用	
		资金管理：投融资模式创新，EOD 项目等，引进民间资本	
		过程管理：开展省级重大项目全过程管理国家试点	
	科学技术创新	发明创造先进技术：（1）国家级：创新先进污染防治技术并收入国家先进污染防治技术目录或获取国家级奖励； （2）省级：是否创新先进污染防治技术并收入省级先进污染防治技术目录或获取省级奖励	《“十四五”生态环境领域科技创新专项规划》
		创新或改善国家先进污染防治技术：创新点、应用前景、实用价值	应用的技术、应用对象及规模、应用起止时间
		专利发明及应用：世界级、国内发明、创新	
效益	环境效益	减污降碳	
		环境净效益、环境收益、环境损失	
		绿色可持续性，资源能源消耗情况、是否存在二次污染问题	
	经济效益	经济增效（本地居民收入提升量、生态衍生产业产值）、吸引民间资本、提供就业机会、低成本修复、低成本管护	解决制约地方经济和社会发展的突出环境问题
		生态产品价值转化	
	社会效益	本地居民适应度、本地居民满意度、后续管护、可持续影响	

生态环保金融支持项目储备库入库指南（试行）

为积极引导金融资金投入，加强金融对深入打好污染防治攻坚战的精准支撑，推进适宜金融支持的重大生态环保项目谋划，建设生态环保金融支持项目储备库（以下简称项目储备库），制定本指南。

一、总体要求

建设项目储备库是引导金融资金投向、实现供需有效结合的重要措施，对改善生态环境质量、解决突出生态环境问题、推动减污降碳协同增效、促进经济社会发展全面绿色转型发挥重要作用。

要贯彻落实党中央、国务院决策部署，与国家及地方生态环境保护规划重点任务相衔接。各级生态环境部门按照《中共中央 国务院关于深入打好污染防治攻坚战的意见》，结合本地区“十四五”生态环境保护重点任务，重点对支撑污染防治攻坚战的精准性、实施的必要性、内容的真实性进行把关，储备对污染防治攻坚战支撑作用大、实施必要性强、实施基础好、环境效益显著的重大工程项目，聚焦重点，避免泛化，提高项目储备质量。

要明确金融支持项目储备库与中央生态环境资金项目储备库的差异。入库项目应适宜金融资金支持，包括治理责任主体为企业的项目，采用生态环境导向的开发（EOD）模式、政府和社会资本合作（PPP）模式及其他市场化方式运作的项目。项目实施必须严格依法依规，严禁新增地方政府隐性债务。

二、入库范围

（一）大气污染防治。包括北方地区冬季清洁取暖、挥发性有机物综合治理、工业企业深度治理、工业企业燃煤设施清洁能源替代、重点行业超低排放改造、重点行业清洁生产改造、锅炉综合治理、涉气产业园区和集群大气环境综合整治、高排放机动车淘汰换新、船及非道路移动源排放治理、典型行业恶臭治理、重污染天气应对能力建设等。

（二）水生态环境保护。包括黑臭水体治理、污水处理设施与配套管网建设改造、污水处理厂污泥处理处置、污水再生及资源化利用、工矿企业和医疗机构水污染治理、工业园区水污染治理、船舶港口水污染治理、水体内源污染治理、流域水生态保护修复、流域水环境综合治理、河湖生态流量保障、重点湖库富营养化控制、河湖生态缓冲带修复、天然（人工）湿地生态系统保护与建设、水源涵养区保护、饮用水水源地保护、入河排污口整治及规范化建设等。

（三）重点海域综合治理。以渤海、长江口-杭州湾、珠江口邻近海域为重点，包括海水养殖环境整治、入海排污口及直排海污染源整治、船舶港口污染防治、亲海岸滩环境整治、海洋生态系统保护修复、美丽海湾示范建设等。

（四）土壤污染防治。包括建设用地土壤污染风险管控、建设用地土壤污染修复、农用地工矿污染源整治、工矿企业重金属治理、历史遗留重金属污染区域治理、化学品生产企业及工业集聚区地下水污染风险管控、矿山开采区及尾矿库地下水污染综合治理、危险废物处置场及垃圾填埋场地下水污染防治、依赖地下水的生态系统保护、地下水型饮用水水源地保护、重点污染源防渗改造、废弃井封井回填等。

（五）农业农村污染治理。包括农村污水处理和资源化利用、农村垃圾治理、农村黑臭水体整治、废弃农膜回收利用、秸秆综合利用、畜禽与水产养殖污染治理和粪污资源化利用、种植业面源污染治理、农村生态环境综合整治等。

（六）固体废物处理处置及资源综合利用。以“无废城市”建设项目为重点，包括城乡生活垃圾收集与处理处置、餐厨垃圾收集与资源化利用、危险废物及医疗废物收集与处理处置、矿产资源（含尾矿）综合利用、废旧资源再生利用、农业固体废物资源化利用、工业固体废物环境风险管控、工业固体废物无害化处理处置及综合利用、建筑垃圾和道路沥青资源化利用、包装废弃物回收处理等。

（七）生态保护修复。重要生态系统保护和修复、山水林田湖草沙冰一体化保护和修复、矿区生态保护修复、采煤沉陷区综合治理、生物多样性保护及荒漠化、石漠化、水土流失综合治理等。

（八）其他环境治理。生态环境风险防控、放射性污染防治、噪声与振动污染控制、生态环境监测与信息能力建设等。

三、申报条件

（一）入库项目申报主体应为已建立现代企业制度、经营状况和信用状况良好的市场化企业，或县级（含）以上政府及其有关部门等。

（二）项目融资主体应为市场化企业，且其环保信用评价不是最低等级。

（三）治理责任主体为企业的生态环境治理项目，单个项目融资需求原则上应超过 5 000 万元；其他项目单个项目融资需求原则上应超过 1 亿元。

（四）应明确项目实施模式。PPP 项目需满足国家有关管理要求，应适时纳入财政部、国家发展改革委 PPP 项目库。鼓励推广生态环境整体解决方案、托管服务和第三方治理。EOD 项目要参考《关于推荐第二批生态环境导向的开发模式试点项目的通知》（环办科财函〔2021〕468 号，以下简称《通知》）基本要求，确保生态环境治理与产业开发项目有效融合、收益反哺、一体化实施。

为稳步开展生态环境治理模式创新，规范有序推进 EOD 模式探索，EOD 项目还需满足以下条件。

1. 地市级及以上政府作为申报主体和实施主体的 EOD 项目，原则上投资总额不高于 50 亿元；区县级政府作为申报和实施主体的项目，原则上投资总额不高于 30 亿元。

2. 项目边界清晰，生态环境治理与产业开发之间密切关联、充分融合，避免无关项目捆绑，组合实施的单体子项目数量不超过 5 个。

3. 除规范的 PPP 项目外，不涉及运营期间政府付费，不以土地出让收益、税收、预期新增财政收入等返还补助作为项目收益。加强重大项目谋划，优化项目建设内容，力争在不依靠政府投入的情况下实现项目整体收益与成本平衡。

4. EOD 项目中生态环境治理内容需符合入库范围要求，且要有明确的生态环境改善目标。产业开发要符合国家和地方产业政策、空间管控等各项要求，项目实施中严格落实招投标、政府采购、投融资、土地、资源开发、政府债务风险管控、资产处置等各项法规政策要求，依法依规推进项目规范实施，不以任何形式增加地方政府隐性债务。

5. 各省（自治区、直辖市）每年入库 EOD 项目原则上不超过 5 个。

四、申报材料

（一）项目基本信息表（线上填报）。

（二）项目可行性研究报告或实施方案，应明确建设内容与规模、建设运营模式、融资金额、资金平衡方案等。

（三）省级生态环境部门项目论证评估意见（模板见附件 1）。

（四）EOD 项目应一并提交 EOD 项目实施方案（编制大纲见附件 2）与承诺函（模板见附

件3）。承诺函由项目申报主体和实施主体（市级及以下人民政府或园区管委会）盖章。

五、申报方式

按照“成熟一个，申报一个”的原则，由县级及以上生态环境部门通过生态环境保护金融支持项目管理系统线上申报，省级生态环境部门论证评估同意后由线上提交。

涉密项目要严格落实有关规定要求，不得通过生态环保金融支持项目管理系统申报。

本指南将视实施情况和有关要求适时进行修订。

附件：1. ______生态环境厅（局）关于________项目论证评估意见（模板）

2. 生态环境导向的开发（EOD）模式项目实施方案编制大纲

3. EOD项目实施承诺函（模板）

附件 1

________生态环境厅（局）关于________项目论证评估意见

（模板）

我厅（局）按照《生态环保金融支持项目储备库入库指南（试行）》等相关要求，紧密围绕深入打好污染防治攻坚战加强项目谋划，组织地方开展项目前期准备，并对地方提交的项目申报材料开展论证评估。经研究，________项目申报材料和信息真实，项目实施对我省实现“十四五”生态环境保护目标具有重要的支撑作用，属于现阶段急需推进的重点任务。

________（公章）

年　　月　　日

附件 2

生态环境导向的开发（EOD）模式项目实施方案编 制 大 纲

一、项目区域总体情况

（一）项目区域概况

包括项目区域范围、经济社会发展概况。

（二）生态环境现状与突出问题

（三）生态环境保护与产业融合发展思路

（四）项目实施目标

EOD 项目生态环境效益目标，明确项目实施前后生态环境质量改善定量、定性目标。

二、项目建设内容

（一）项目建设内容之间的关联性

明确生态环境治理与产业开发之间的关联关系，做到两者融合共生。

（二）项目主要建设内容

分别说明生态环境治理与关联产业开发等建设内容、工程措施等。

三、项目实施方式与计划

（一）项目组织实施方式

生态环境治理与关联产业须实现一体化实施，依法依规确定 EOD 项目实施主体的方式，引入社会资本。

（二）实施期限

明确项目建设期、运维期等。

（三）项目实施进展

明确项目立项、项目实施进度等情况。

（四）年度计划

四、投资估算与资金筹措

（一）投资估算

包括编制依据与投资估算等。

（二）资金筹措

包括资本金筹集方式和比例、项目融资来源及渠道。

五、项目财务分析

（一）项目预期收益与支出

明确项目层面的成本、收益及其测算依据，增强项目收益、支出的科学性与合理性。

不以土地出让收益、税收、预期新增财政收入等返还补助作为项目收益。

项目建设、运维成本均包括生态环境治理与产业开发等内容。

（二）项目资金平衡方案

以 EOD 项目为整体开展财务测算。

项目建设和运营期间需政府资金投入的，需明确政府资金投入额度和投入方式。

除规范的 PPP 项目外，不涉及运营期间政府付费。

优化项目内容，力争在不依靠政府投入的情况下实现项目整体收益与成本平衡。

六、实施保障

EOD 项目推进实施、长效机制建立等。

生态环境导向的开发模式项目基本情况表

<table>
<tr><td>项目名称</td><td colspan="4"></td></tr>
<tr><td colspan="2">申报单位名称</td><td>联系人</td><td>联系方式</td><td>通信地址</td></tr>
<tr><td colspan="2"></td><td></td><td></td><td></td></tr>
<tr><td colspan="2">实施主体名称</td><td>联系人</td><td>联系方式</td><td>通信地址</td></tr>
<tr><td colspan="2"></td><td></td><td></td><td></td></tr>
<tr><td colspan="5">一、项目内容</td></tr>
<tr><td>项目概况</td><td colspan="4"></td></tr>
<tr><td>项目实施目标</td><td colspan="4">1.
2.
……</td></tr>
<tr><td>项目实施主体确定方式</td><td colspan="4"></td></tr>
<tr><td rowspan="9">项目建设内容与投资</td><td colspan="2">建设内容</td><td>投资金额（万元）</td><td>实施进展</td></tr>
<tr><td>1</td><td></td><td></td><td></td></tr>
<tr><td>2</td><td></td><td></td><td></td></tr>
<tr><td>3</td><td></td><td></td><td></td></tr>
<tr><td>4</td><td></td><td></td><td></td></tr>
<tr><td>5</td><td></td><td></td><td></td></tr>
<tr><td>项目总投资（万元）</td><td>其中，生态环境治理投资</td><td colspan="2">产业开发项目投资</td></tr>
<tr><td></td><td></td><td colspan="2"></td></tr>
</table>

<table>
<tr><td colspan="5">二、建设资金筹措情况</td></tr>
<tr><td rowspan="6">建设资金来源（万元）</td><td colspan="4">其中：</td></tr>
<tr><td>中央财政资金</td><td>地方财政资金</td><td>专项债</td><td>企业自有资金</td></tr>
<tr><td></td><td></td><td></td><td></td></tr>
<tr><td>基金</td><td>银行贷款</td><td colspan="2">其他形式
（说明具体融资方式）</td></tr>
<tr><td></td><td></td><td colspan="2"></td></tr>
<tr><td colspan="4"></td></tr>
<tr><td colspan="5">三、项目资金平衡情况</td></tr>
<tr><td>建设运维成本</td><td colspan="4">1.建设成本
2.运维成本</td></tr>
<tr><td>收益来源</td><td colspan="4">1.
2.
……</td></tr>
<tr><td colspan="5">主要财务指标</td></tr>
<tr><td colspan="2">项目投资所得税后财务内部收益率（%）</td><td>所得税后财务净现值（万元）</td><td>投资回收期（年）</td><td>偿债备付率</td></tr>
<tr><td colspan="2"></td><td></td><td></td><td></td></tr>
<tr><td colspan="5">四、保障措施</td></tr>
<tr><td colspan="5"></td></tr>
</table>

填表说明：

1. 项目申报单位为负责项目组织实施的政府或有关部门；项目实施主体为负责项目建设运维一体化实施的企业，尚未确定的可不填写。

2. 项目概况为项目区域范围，拟解决的突出环境问题，生态环境保护与产业融合发展思路、实施周期等。

3. 项目实施目标为项目经济、社会、环境目标，其中，生态环境目标涉及流域、湖泊水环境治理的，明确生态环境质量改善目标。

4. 项目实施主体确定方式为依法依规确定 EOD 项目实施主体的具体方式。

5. 实施进展为完成可研批复（或备案）、初步设计、招投标、在建、设备安装调试、竣工验收、投入运营。

附件 3

EOD 项目实施承诺函（模板）

本项目将按照 EOD 模式要求推进实施，并承诺如下：

1. 生态环境治理与产业项目在实施中作为一个整体项目，在项目层面实现产业开发项目对生态环境治理项目建设与运营的持续性收益反哺。

2. 采用合法合规方式选择具备较强产业投资运营能力的项目实施主体，由一个主体一体化实施，确保产业开发项目持续运营。

3. 项目符合国家和地方产业政策等各项要求，项目实施中严格落实招投标、政府采购、投融资、土地、资源开发、空间管控、政府债务风险管控、资产处置等各项法规政策，依法依规推进项目规范实施。

4. 不以任何形式增加地方政府隐性债务。

单位（签章）

年　　月　　日

关于推进全过程工程咨询服务发展的指导意见（征求意见稿）

为贯彻落实中央城市工作会议精神和《国务院办公厅关于促进建筑业持续健康发展的意见》（国办发〔2017〕19号），进一步完善我国工程建设组织模式，推进全过程工程咨询服务发展，培育具有国际竞争力的工程咨询企业，推动我国工程咨询行业转型升级，提升工程建设质量和效益，现提出如下意见：

总体思路

（一）指导思想

深入贯彻落实党的十九大精神，以习近平新时代中国特色社会主义思想为指导，按照高质量发展的要求，深化工程建设组织管理模式改革，培育全过程工程咨询服务市场，推进工程咨询服务业供给侧结构性改革，增强工程咨询企业核心竞争力，实现工程咨询行业组织结构调整与资源优化组合，促进建筑业持续健康发展，全面提升工程建设质量和投资效益。

基本原则

1. 市场化为基础。发挥市场在资源配置中的决定性作用，鼓励有能力的工程咨询企业采取联合经营、并购重组等方式提供集成化、多样化的全过程工程咨询服务内容，形成与不同投资主体需求相适应的全过程工程咨询服务组织模式；通过投资主体的需求引领和工程咨询企业能力的提升，形成统一开放、公平竞争、主体多元、服务多样、运作有序的全过程工程咨询服务市场。

2. 国际化为导向。借鉴和参照国际通行规则开展全过程工程咨询服务，结合国际大型工程顾问公司的业务特征，培育既熟悉国际规则又能符合国内建筑市场需求的高水平工程咨询服务企业和人才队伍；鼓励有能力的工程咨询企业积极参与国际竞争，推动中国工程咨询行业“走出去”，为实现“一带一路”战略服务。

3. “放管服”相结合。坚持推进“放管服”改革，不新设行政审批事项，减少约束和限制，进一步激发市场活力和社会创造力，促进市场主体公平竞争；做好对实施全过程工程咨询项目的事中、事后监管，做到公正监管、综合监管、审慎监管；优化政府服务，对实施全过程工程咨询的工程项目提供有力的支持，创造良好的政策和市场环境，鼓励企业创新和自由发展。

（二）主要目标

培育一批具有国际水平的全过程工程咨询企业，基本形成统一开放、竞争有序的全过程工程咨询服务市场，建立与市场相适应的全过程工程咨询服务管理体系；逐步建立健全与全过程工程咨询相适应的项目审批和监管制度，建立全过程工程咨询诚信评价体系；实施人才发展战略，培养与行业发展相适应的人才队伍。

工作重点

（三）培育全过程工程咨询市场

1. 明确全过程工程咨询服务的定义。全过程工程咨询是对工程建设项目前期研究和决策以及工程项目实施和运行（或称运营）的全生命周期提供包含设计和规划在内的涉及组织、管理、经济和技术等各有关方面的工程咨询服务。全过程工程咨询服务可采用多种组织方式，为项目决策、实施和运营持续提供局部或整体解决方案。

2. 鼓励有能力的工程咨询企业积极参与全过程工程咨询服务。工程咨询企业可根据企业自身的优势和特点积极延伸服务内容，提供项目建设可行性研究、项目实施总体策划、工程规划、工程勘察与设计、项目管理、工程监理、造价咨询及项目运行维护管理等全方位的全过程工程咨询服务。

3. 政府和国有投资项目带头推行全过程工程咨询。各地要充分发挥政府和国有投资项目的示范引领作用，引导一批有影响力、有示范作用的政府投资和国有投资项目带头推行全过程工程咨询。

4. 鼓励非政府和国有投资项目委托全过程工程咨询服务。非政府和国有投资项目的建设单位可根据项目规模和特点，本着信誉可靠、综合能力和效率优先的原则，选择优秀团队实施全过程工程咨询。

（四）建立全过程工程咨询管理机制

1. 全过程工程咨询服务的组织模式。全过程工程咨询服务可由一家具有综合能力的工程咨询企业实施，或可由多家具有不同专业特长的工程咨询企业联合实施，也可以根据建设单位的需求，依据全过程工程咨询企业自身的条件和能力，为工程建设全过程中的几个阶段提供不同层面的组织、管理、经济和技术服务。由多家工程咨询企业联合实施全过程工程咨询的，应明确牵头单位，并明确各单位的权利、义务和责任。

2. 全过程工程咨询服务的委托。建设单位应将全过程工程咨询中的前期研究、规划和设计等工程设计类服务，以及项目管理、工程监理、造价咨询等工程项目控制和管理类服务委托给一家工程咨询企业或由多家企业组成的联合体或合作体。建设单位在项目筹划阶段选择具有相应工程勘察、设计或监理资质的企业开展全过程工程咨询服务，可不再另行委托勘察、设计或监理。同一项目的工程咨询企业不得与工程总承包企业、施工企业具有利益关系。

3. 全过程工程咨询服务的酬金。全过程工程咨询服务费应在工程概算中列支。建设单位应当根据工程项目的规模和复杂程度，工程咨询的服务范围、内容和期限等与工程咨询企业协商确定服务酬金。全过程工程咨询服务的酬金可按各项专项服务的费用相叠加并增加相应统筹费用后计取，也可按照国际上通行的人员成本加酬金的方式计取。全过程工程咨询服务企业应努力提升服务能力和水平，通过为工程建设和运行增值的效果体现其自身的市场价值，避免采取降低咨询服务酬金的方式进行市场竞争，禁止采用低于成本价的恶性市场竞争行为。鼓励建设单位根据咨询服务节约的投资额对咨询企业进行奖励。

4. 提供全过程工程咨询服务企业的能力要求。提供全过程工程咨询服务的企业应当具有相应的组织、管理、经济、技术和法规等咨询服务能力，同时具有良好的信誉、相应的组织机构、健全的工程咨询服务管理体系和风险控制能力。全过程工程咨询服务企业承担勘察、设计或监理咨询服务时，应当具有与工程规模及委托内容相适应的资质条件。

5. 全过程工程咨询项目负责人及相关执业人员的基本要求。全过程工程咨询项目负责人应取得工程建设类注册执业资格或具有工程类、工程经济类高级职称，并具有类似工程经验。对于承担全过程工程咨询服务中勘察、设计或监理岗位的人员应具有现行法规规定的相应执业资格。

6. 全过程工程咨询服务的转委托。工程咨询企业应当自行完成自有资质证书许可范围内的业务，在保证整个工程项目完整性的前提下，按照合同约定或经建设单位同意，将约定的部分咨询业务择优转委托给具有相应资质或能力的企业，工程咨询企业应对转委托企业的委托业务承担连带责任。

7. 提供全过程工程咨询服务企业的义务和责任。全过程工程咨询服务企业对其咨询成果的数据真实性、有效性和科学性负责，通过勤勉工作履行合同约定的各项义务，承担相应的责任。

（五）提升工程咨询企业全过程工程咨询的能力和水平

1. 完善工程咨询企业的组织机构。全过程工程咨询服务企业应根据全过程工程咨询服务的实际需要，建立与之相适应的专业部门，加强和完善企业组织机构和人员结构；构建企业的核心竞争力，培育既能提供综合性的多元化服务，又能对系统性问题提供一站式整合服务的能力；大型工程咨询服务企业应积极吸收国际化人才，构建网络型组织，努力实现全球化服务。

2. 加强工程咨询人才队伍建设。工程咨询企业要高度重视全过程工程咨询的项目负责人及相关专业人才的培养，加强组织、管理、法律、经济及技术的理论知识培训，培养一批符合全过程工程咨询服务需求的具有项目前期研究、工程设计、工程施工和工程管理能力的综合人才和专业人才，为开展全过程工程咨询业务提供人才支撑。

3. 加强全过程工程咨询服务管理体系建设。工程咨询企业要不断建立和完善自身的技术标准、管理标准、质量管理体系、职业健康安全和环境管理体系，通过工程咨询服务的实践经验，建立具有自身特色的全过程工程咨询服务管理体系及服务标准；应充分开发和利用包括 BIM、大数据、物联网等在内的信息技术和信息资源，努力提高信息化管理与应用水平，为开展全过程工程咨询业务提供保障。

4. 开展国际合作与交流。鼓励企业与国际著名的工程顾问公司开展多种形式的合作，通过合作与交流，拓展视野，提高业务水平，提升企业国际工程咨询服务竞争力，积极参与国际竞争，扩大我国工程咨询企业在国际上的知名度。

（六）建立全过程工程咨询服务技术标准和合同体系

研究建立全过程工程咨询服务技术标准体系，促进全过程工程咨询服务科学化、标准化和规范化；发布全过程工程咨询合同示范文本，保障合同各方的合法权益；鼓励具备相应能力的行业协会、研究机构和企业等，加强全过程工程咨询理论研究，为全过程工程咨询服务发展提供理论指导。

保障措施

（七）组织领导

各级政府主管部门要高度重视全过程工程咨询服务的推进和发展，创新建设工程管理机制，完善相关配套政策，加强对全过程工程咨询服务活动的宏观引导和支持服务，加强与发改委、财政、税务、审计等有关部门的沟通协调，切实解决制约全过程工程咨询项目实施中的实际问题。

（八）示范引领

各级政府主管部门要引导和鼓励工程建设项目采用全过程工程咨询模式，从试点项目和参与企业入手，通过示范和引领，逐步培育一批全过程工程咨询骨干企业，提高全过程工程咨询的供给质量和能力；鼓励未列入试点的地区和企业积极探索和开展全过程工程咨询，及时总结和推广经验，扩大全过程工程咨询的影响力。

发挥行业协会组织作用

行业协会应当充分发挥政府与企业间的桥梁纽带作用，积极反映企业诉求，协助政府开展相关政策研究，引导企业提升全过程工程咨询服务能力；通过市场调研及综合评估发布全过程工程咨询服务酬金或人员薪酬等信息，加强行业诚信自律体系建设，规范企业和从业人员的市场行为；开展团体标准研究，为全过程工程咨询服务规范化和科学化提供依据。

生态保护修复成效评估技术指南（试行）

（HJ 1272—2022）

1 适用范围

本标准规定了生态保护修复成效评估的原则、技术流程、指标与方法及报告编写等要求。

本标准适用于生态保护修复相关政策、规划、工程等生态环境成效评估。

2 规范性引用文件

本标准引用了下列文件或其中的条款。凡是注明日期的引用文件，仅注日期的版本适用于本标准。凡是未注日期的引用文件，其最新版本（包括所有的修改单）适用于本标准。

GB 3095　环境空气质量标准

GB 3097　海水水质标准

GB 3838　地表水环境质量标准

GB/T 14848　地下水质量标准

GB 15618　土壤环境质量　农用地土壤污染风险管控标准（试行）

GB 18668　海洋沉积物质量

HJ 91.1　污水监测技术规范

HJ 91.2　地表水环境质量监测技术规范

HJ 164　地下水环境监测技术规范

HJ/T 166　土壤环境监测技术规范

HJ 664　环境空气质量监测点位布设技术规范（试行）

HJ 710.1　生物多样性观测技术导则　陆生维管植物

HJ 710.3　生物多样性观测技术导则　陆生哺乳动物

HJ 710.4　生物多样性观测技术导则

HJ 710.5　生物多样性观测技术导则　爬行动物

HJ 710.6　生物多样性观测技术导则　两栖动物

HJ 710.7　生物多样性观测技术导则　内陆水域鱼类

HJ 710.8　生物多样性观测技术导则　淡水底栖大型无脊椎动物

HJ 710.9　生物多样性观测技术导则

HJ 710.10　生物多样性观测技术导则　大中型土壤动物

HJ 710.12　生物多样性观测技术导则　水生维管植物

HJ 710.13　生物多样性观测技术导则　蜜蜂类

HJ 915　地表水自动监测技术规范（试行）

HJ 1172　全国生态状况调查评估技术规范——生态系统质量评估

HJ 1173　全国生态状况调查评估技术规范——生态系统服务功能评估

HY/T 215　近岸海域海洋生物多样性评价技术指南

《资源环境承载能力和国土空间开发适宜性评价指南（试行）》（自然资办函〔2020〕127 号）

《区域生态质量评价办法（试行）》（环监测〔2021〕99 号）

3　术语和定义

下列术语和定义适用于本标准。

3.1　生态环境成效　eco-environmental performance

生态保护修复相关政策、规划、工程等在优化生态系统格局、提升生态系统质量、增强生态系统服务功能、消除人为胁迫、维护生态环境效益持续发挥等方面取得的效果。

3.2　生态系统格局　ecosystem patterns

各类不同生态系统在空间上的排列和组合，包括生态系统类型、数目及空间分布与配置。

3.3　生态系统质量　ecosystem quality

在特定的时间和空间范围内生态系统的总体或部分组分的质量，具体表现为生态系统的生产服务能力、抗干扰能力和对人类生存和社会发展的承载能力等方面。

3.4　生态系统服务功能　ecosystem services

生态系统为人类提供的水源涵养、土壤保持、防风固沙、生物多样性维护、固碳、海岸防护等方面的功能。

3.5　人为胁迫　artificial stress

人类对生态系统正常结构和功能的干扰，这些干扰超出了生态系统恢复力，可能导致生态系统发生不可逆的变化甚至退化或崩溃。

3.6 物种丰富度 species richness

区域内已记录的物种种数。

3.7 评估范围 evaluation scope

生态保护修复相关政策、规划、工程等实施的行政单元或者自然地理单元。

3.8 评估基期 evaluation base period

被评估区域生态保护修复相关政策、规划、工程等实施的前一年或基准年，作为与评估期各项评估指标进行对比的初始时间。

3.9 评估期 evaluation period

开展生态保护修复成效评估的时间。

4 评估原则

4.1 科学性

以提升生态系统质量和稳定性为目标，坚持尊重自然、顺应自然、保护自然，宜林则林、宜草则草、宜湿则湿、宜荒则荒，突出整体性和系统性，科学确定评估内容和指标，客观反映生态保护修复成效，确保评估结果真实准确。

4.2 规范性

明确生态保护修复成效评估的技术流程和成果产出，对评估指标、评估方法、数据来源、评估结果等统一标准，确保评估工作的规范性。

4.3 可操作性

根据生态保护修复实施前后生态环境要素变化情况确定评估标准，通过定量和定性相结合的方式开展评估，确保评估数据与资料可获取、结果可量化，切合实际。

5 评估流程

5.1 确定评估周期

根据生态保护修复实施进展情况确定评估基期和评估期。生态保护修复工程成效评估原则上在整体竣工验收 2 年后开展，实施后长期成效评估原则上在整体竣工验收 5 年后开展，实施过程中评估可结合工作需要适时开展。生态保护修复政策或规划成效评估可根据工作需要适时开展。

5.2 准备评估资料

针对各项评估指标，通过资料收集、实地调研、调查监测等方式，收集评估所需的基础资料与数据，建立评估资料数据集，获取指标评估依据和数据。各指标评估依据和数据资料来源见附录 A。

5.3 评估计算分级

根据评估指标计算方法和基础数据资料，对各项指标进行定量或定性评估，获取各项指标评估指标值，计算成效评估结果，根据评估结果进行分级，形成评估结论。赋分细则详见附录 A。生态保护修复公众满意度调查问卷参见附录 B。

5.4 编写技术报告

编制《生态保护修复成效评估技术报告》，主要内容包括前言、总则、基本情况、生态环境成效评估、主要成效与存在问题、相关建议、附录等。评估技术报告编写提纲参见附录 C。

生态保护修复成效评估技术流程见图 1。

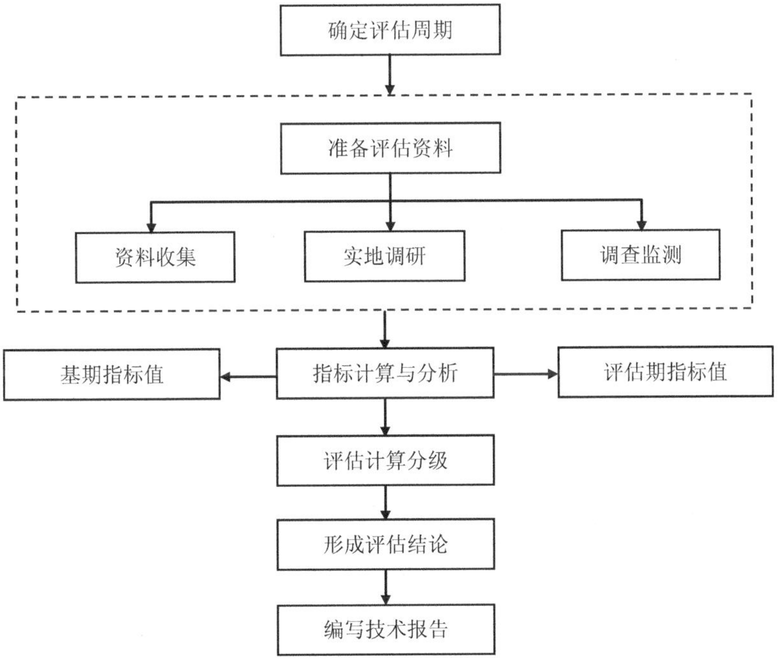

图 1　生态保护修复成效评估技术流程

6 评估指标体系

生态保护修复成效评估的具体指标见表 1。

表 1 生态保护修复成效评估指标

序号	评估指标	评估指标说明	指标分值
1	重要生态系统面积	评估区内森林、灌丛、草地、湿地、农田（非生态用地转化）、典型海洋生态系统等面积增长情况	10
2	生态连通度	评估区内生态系统整体连通程度提升情况	8
3	自然岸线保有率	评估区内自然岸线保有率提升情况	6
4	植被覆盖度	评估区内有植被覆盖区域的生长季平均植被覆盖度提升情况	10
5	环境质量	评估区内水、气、土等环境质量改善情况	15
6	生物多样性	评估区内生物多样性提升情况	10
7	主导生态功能	评估区内水源涵养、土壤保持、防风固沙、固碳、海岸防护等主导生态功能提升情况	20
8	人为胁迫	评估区内人为胁迫改善情况	8
9	公众满意度	评估区公众满意情况	8
10	特色指标	其他具有区域特色的代表性指标	5

7 成效评估

7.1 一般规定

根据生态保护修复成效评估需求，通过资料收集、数据统计、遥感解译、实地调研、调查监测等方式获取所需资料数据。根据指标赋分细则，计算各项指标值，对评估结果进行计算分级，形成评估结论。

7.2 计算分级

基于各项指标评估得分，按照公式（1）计算生态保护修复成效指数（*ERI*）：

$$ERI = \sum_{i=1}^{n} ERI_i \tag{1}$$

式中：*ERI*——生态保护修复成效指数；

ERI_i——生态保护修复成效第 i 项指标得分；

i——指标序号；

n——指标数量。

根据生态保护修复成效指数评估计算结果，确定成效等级，详见表 2。

表 2 生态保护修复成效分级表

指数分值范围	成效分级
90≤*ERI*≤100	优秀
80≤*ERI*<90	良好
60≤*ERI*<80	合格
0≤*ERI*<60	不合格

8 评估报告

基于评估计算和分级结果，编制《生态保护修复成效评估技术报告》，报告格式和内容参见附录 C。

附 录 A

（规范性附录）

赋分细则

A.1 重要生态系统面积

A.1.1 赋分说明

重要生态系统面积 10 分，根据评估范围内森林、灌丛、草地、湿地、农田（非生态用地转化）、典型海洋生态系统（红树林、盐沼、海草床、海藻场、珊瑚礁、牡蛎礁）等保护修复后的面积增长情况赋分。

A.1.2 评分方法

重要生态系统面积评分方法按照表 A.1 相关要求执行。

表 A.1 重要生态系统面积评分表

重要生态系统面积增长率（S_r）	得分
$0.5\% \leqslant S_r$	10
$0 < S_r < 0.5\%$	$6+4\times S_r/0.5\%$
$-0.05\% \leqslant S_r \leqslant 0$	6
$S_r < -0.05\%$	0

重要生态系统面积增长率按照公式（A.1）计算。

$$S_r = \left(\sum_{i=1}^{n} S_i - \sum_{i=1}^{n} S_i'\right) / \sum_{i=1}^{n} S_i' \times 100\% \tag{A.1}$$

式中：S_r——重要生态系统面积增长率；

S_i——森林、灌丛、草地、湿地、农田、典型海洋生态系统等评估期面积；

S_i'——森林、灌丛、草地、湿地、农田、典型海洋生态系统等评估基期面积；

i——指标序号；

n——指标数量。

A.1.3 数据来源

生态环境部门、 自然资源部门、实施单位或评估单位监测评估数据。

A.2 生态连通度

A.2.1 赋分说明

生态连通度 8 分，根据评估范围内生态系统整体连通程度提升情况赋分。

A.2.2 评分方法

生态连通度评分方法按照表 A.2 相关要求执行。

表 A.2 生态连通度评分表

生态连通度提升率（EC_r）	得分
$0.5\%\leqslant EC_r$	8
$0<EC_r<0.5\%$	$5+3\times EC_r/0.5\%$
$-0.05\%\leqslant EC_r\leqslant 0$	5
$EC_r<-0.05\%$	0

生态连通度提升率按照公式（A.2）计算。

$$EC_r=(ECI-ECI')/ECI'\times 100\% \tag{A.2}$$

式中：EC_r——生态连通度提升率；

ECI——评估期生态连通度指数；

ECI'——评估基期生态连通度指数。

陆域生态连通度指数计算方法可参考《区域生态质量评价办法（试行）》中重要生态空间连通度指数计算方法，生态空间包括森林、灌丛、草地、湿地、农田等空间范围。

海域生态连通度指数为评估范围内海洋水文空间的整体连通度，可通过纳潮量变换率、水体半交换周期变化率、潮流强度获取。海域生态连通度指数按照公式（A.3）计算。

$$ECI_m=(Q_m+T_m+TS)/3 \tag{A.3}$$

式中：ECI_m——海域生态连通度指数；

Q_m——纳潮量变换率；

T_m——水体半交换周期变化率；

TS——潮流强度。

纳潮量变换率按照公式（A.4）计算。

$$Q_m = (Q_2 - Q_1) / Q_1 \times 100\% \tag{A.4}$$

式中：Q_m——纳潮量变换率；

Q_1——实施前纳潮量；

Q_2——实施后纳潮量，对于海湾可选择断面流量法或面积潮差法计算，对于开敞海域采用面积潮差法。

水体半交换周期变化率按照公式（A.5）计算。

$$T_m = (T_1 - T_2) / T_1 \times 100\% \tag{A.5}$$

式中：T_m——水体半交换周期变化率；

T_1——实施前水体半交换时间；

T_2——实施后水体半交换时间。

潮流强度为评估海域在完整的大、中、小潮周期内的平均流速变化在10%以上的海域面积占评估海域面积的比率，当流速以增大为主时评价指标为正，当流速以减小为主时评价指标为负。

当区域同时存在陆域和海域时，取二者得分的平均值。

A.2.3 数据来源

生态环境部门、自然资源部门、实施单位或评估单位监测评估数据。

A.3 自然岸线保有率

A.3.1 赋分说明

自然岸线保有率6分，根据评估范围内自然岸线保有率提升情况赋分。

A.3.2 评分方法

自然岸线保有率评分方法按照表A.3相关要求执行。

表A.3 自然岸线保有率评分表

自然岸线保有率提升率（NS_r）	得分
$0.5\% \leqslant NS_r$	6
$0 < NS_r < 0.5\%$	$4+2\times NS_r/0.5\%$
$-0.05\% \leqslant NS_r \leqslant 0$	4
$NS_r < -0.05\%$	0

自然岸线保有率提升率按照公式（A.6）计算。

$$NS_r=(NS-NS')/NS'\times100\% \tag{A.6}$$

式中：NS_r——自然岸线保有率提升率；

NS——评估期自然岸线保有率；

NS'——评估基期自然岸线保有率。

自然岸线保有率分为大陆自然海岸线保有率和重要河湖自然岸线保有率，前者为评估区内大陆自然海岸线长度与总长度的比例，后者为评估区内重要河湖自然岸线长度与总长度的比例。

当区域同时存在大陆自然海岸线和重要河湖自然岸线时，取二者得分的平均值；当区域内不涉及自然岸线保护修复相关内容时，得 6 分。

A.3.3　数据来源

生态环境部门、自然资源部门、实施单位或评估单位监测评估数据。

A.4　植被覆盖度

A.4.1　赋分说明

植被覆盖度 10 分，根据评估范围内森林、灌丛、草地、湿地、农田（非生态用地转化）、岸滩后滨等有植被覆盖区域的生长季平均植被覆盖度提升情况赋分。

A.4.2　评分方法

植被覆盖度评分方法按照表 A.4 相关要求执行。

表 A.4　植被覆盖度评分表

植被覆盖度提升率（VC_r）	得分
$5\%\leq VC_r$	10
$0<VC_r<5\%$	$6+4\times VC_r/5\%$
$-0.05\%\leq VC_r\leq0$	6
$VC_r<-0.05\%$	0

植被覆盖度提升率按照公式（A.7）计算。

$$VC_r=(VC-VC')/VC'\times100\% \tag{A.7}$$

式中：VC_r——植被覆盖度提升率；

VC——评估期植被覆盖度；

VC'——评估基期植被覆盖度。

植被覆盖度计算方法可参照 HJ 1172 中植被覆盖度计算方法或《区域生态质量评价办法（试行）》中植被覆盖指数计算方法。

A.4.3 数据来源

生态环境部门、自然资源部门、实施单位或评估单位监测评估数据。

A.5 环境质量

A.5.1 赋分说明

环境质量 15 分，根据评估范围内主要环境问题要素改善或环境质量维护情况赋分。

A.5.2 评分方法

根据区域内明确存在的水、气、土（沉积物）等环境问题，结合生态保护修复实施的目标要求，以区域环境质量（水质达标率、空气质量达标率、土壤质量达标率）改善情况进行评分。环境质量评分方法按照表 A.5 相关要求执行。

表 A.5 环境质量评分表

环境质量达标率（EQ_r）	得分
EQ_r=100%；或者 EQ_r 提升明显，环境质量改善显著；或者区域不存在明显环境问题，环境质量维持较好	15
90%≤EQ_r<100%；或者 EQ_r 提升较高，环境质量改善较好	10+5×EQ_r/100%
80%≤EQ_r<90%；或者 EQ_r 提升一般，环境质量改善一般	5+5×EQ_r/100%
EQ_r<80%；或者 EQ_r 未见提升，环境质量未改善	0

当区域同时存在水、气、土环境的两类或三类环境问题时，取各类得分的平均值。

环境空气质量可参考 GB 3095、HJ 664 等相关要求在实施前与实施后分别进行监测，监测时段选择在同等气象条件（风速）下进行；土壤环境质量可参考 GB 15618、HJ/T 166 等相关要求在实施前与实施后分别进行监测；陆域水环境质量可参考 GB 3838、GB/T 14848、HJ 91.1、HJ 91.2、HJ 164、HJ 915 等相关要求在实施前与实施后分别进行监测；海域水环境质量和沉积物质量可参考 GB 3097、GB 18668

等相关要求在实施前与实施后分别进行监测。

A.5.3 数据来源

生态环境部门、自然资源部门、实施单位或评估单位监测评估数据。

A.6 生物多样性

A.6.1 赋分说明

生物多样性 10 分，陆域生物多样性根据评估范围内已记录的野生哺乳类、鸟类、两栖类和蝶类等生态环境指示生物类群丰富度和国家重点保护物种数量的提升情况赋分，海域生物多样性根据评估范围内重要海洋生物多样性维持功能提升情况赋分。

A.6.2 评分方法

陆域生物多样性评分方法按照表 A.6 相关要求执行。

表 A.6 陆域生物多样性评分表

陆域生物多样性提升率（LB_r）	得分
$5\% \leqslant LB_r$	10
$0 < LB_r < 5\%$	$6+4\times LB_r/5\%$
$-0.05\% \leqslant LB_r \leqslant 0$	6
$LB_r < -0.05\%$	0

陆域生物多样性提升率按照公式（A.8）计算。

$$LB_r = (IT_r + KS_r)/2 \tag{A.8}$$

式中：LB_r——陆域生物多样性提升率；

IT_r——指示生物类群丰富度提升率；

KS_r——国家重点保护物种数量提升率。

指示生物类群丰富度提升率按照公式（A.9）计算。

$$IT_r = (IT - IT')/IT' \times 100\% \tag{A.9}$$

式中：IT_r——指示生物类群丰富度提升率；

IT——评估期指示生物类群丰富度；

IT'——评估基期指示生物类群丰富度。

国家重点保护物种数量提升率按照公式（A.10）计算。

$$KS_r = (KS - KS')/KS' \times 100\% \tag{A.10}$$

式中：KS_r——国家重点保护物种数量提升率；

KS——评估期国家重点保护物种数量；

KS'——评估基期国家重点保护物种数量。

重要海洋生物多样性维持功能提升情况通过重要海洋生物多样性维持功能指数的数值变化幅度（ΔMBI）和重要海洋生物多样性维持功能指标变化幅度（ΔY_{ij}）进行评价。海域生物多样性评分方法按照表 A.7 相关要求执行。

表 A.7 海域生物多样性评分表

重要海洋生物多样性维持功能（MB_r）	得分
显著提高	10
略有提高	6+4×min（ΔMBI，ΔY_{ij}）/25
无明显变化	6
略有降低	6−4×max（ΔMBI，ΔY_{ij}）/（−25）
显著下降	0

指示生物类群丰富度和国家重点保护物种数量获取方法可参照 HJ 710.1、HJ 710.3、HJ 710.4、HJ 710.5、HJ 710.6、HJ 710.7、HJ 710.8、HJ 710.9、HJ 710.10、HJ 710.12、HJ 710.13，重要海洋生物多样性维持功能相关计算方法可参照 HY/T 215。

A.6.3 数据来源

生态环境部门、自然资源部门、实施单位或评估单位监测评估数据。

A.7 主导生态功能

A.7.1 赋分说明

主导生态功能 20 分，根据评估范围内水源涵养、土壤保持、防风固沙、固碳、海岸防护等主导生态功能提升情况赋分。

A.7.2 评分方法

主导生态功能评分方法按照表 A.8 相关要求执行。

表 A.8 主导生态功能评分表

主导生态功能提升率（DF_r）	得分
5%≤DF_r	20
0＜DF_r＜5%	12+8×DF_r/5%
−0.05%≤DF_r≤0	12
DF_r＜−0.05%	0

主导生态功能提升率按照公式（A.11）计算。

$$DF_r=（DF-DF'）/DF'\times 100\% \quad (A.11)$$

式中：DF_r——主导生态功能提升率；

DF——评估期主导生态功能；

DF'——评估基期主导生态功能。

水源涵养、土壤保持、防风固沙等生态功能计算方法可参照 HJ 1173，海岸防护功能可参照《资源环境承载能力和国土空间开发适宜性评价指南（试行）》，固碳功能采用植被固碳能力进行评价。植被固碳能力按照公式（A.12）计算。

$$C_v=\sum_{i=1}^{n} NPP_i\times C_i\times S_i \quad (A.12)$$

式中：C_v——评估区植被固碳能力；

NPP_i——评估区 i 类生态系统植被净初级生产力；

C_i——评估区 i 类生态系统植被碳转换系数；

S_i——评估区 i 类生态系统面积。

当区域同时存在两种或以上主导生态功能时，取各功能得分的平均值。

A.7.3　数据来源

生态环境部门、自然资源部门、实施单位或评估单位监测评估数据。

A.8　人为胁迫

A.8.1　赋分说明

人为胁迫 8 分，根据评估范围内人为胁迫指数降低情况赋分。

A.8.2　评分方法

人为胁迫评分方法按照表 A.9 相关要求执行。

表 A.9　人为胁迫评分表

人为胁迫指数降低率（ASI_r）	得分
$0.1\%\leqslant ASI_r$	8
$0<ASI_r<0.1\%$	$5+3\times ASI_r/0.1\%$
$-0.05\%\leqslant ASI_r\leqslant 0$	5
$ASI_r<-0.05\%$	0

人为胁迫指数降低率按照公式（A.13）计算。

$$ASI_r = (ASI - ASI')/ASI \times 100\% \tag{A.13}$$

式中：ASI_r——人为胁迫指数降低率；

ASI——评估基期人为胁迫指数；

ASI'——评估期人为胁迫指数。

根据人为胁迫因素确定人为胁迫指数。当人为胁迫因素为开发建设时，陆域人为胁迫指数通过陆域开发干扰指数（LDI）获得，海域人为胁迫指数通过海域开发强度指数（SDI）获得，当区域内同时存在陆域人为胁迫和海域人为胁迫时，人为胁迫指数通过 $0.6\times LDI+0.4\times SDI$ 计算获得；当人为胁迫因素为不合理开垦种植时，人为胁迫指数通过 25 度（含）以上坡耕地面积比例来获得；当人为胁迫因素为不合理放牧时，人为胁迫指数通过放牧强度来获取；当人为胁迫因素为环境污染时，人为胁迫指数通过环境污染消除情况来获取。

陆域开发干扰指数和海域开发强度指数计算方法可参考《区域生态质量评价办法（试行）》中陆域开发干扰指数和海域开发强度指数计算方法。

25 度（含）以上坡耕地面积比例按照公式（A.14）计算。

$$SF25_r = SF25 / SF \tag{A.14}$$

式中：$SF25_r$——25 度（含）以上坡耕地面积比例；

$SF25$——25 度（含）以上坡耕地面积；

SF——耕地总面积。

放牧强度按照公式（A.15）计算。

$$GI = LN/S \tag{A.15}$$

式中：GI——放牧强度；

LN——评估区家畜放牧数量；

S——评估区面积。

环境污染消除情况根据实施前后水、气、土等环境污染物排放情况进行评价。不存在污染物排放的，得 8 分；环境质量达标，存在污染物排放的，1 项扣 2 分，扣完为止；环境质量不达标，存在污染物排放的，不得分。

当区域同时存在两种或以上人为胁迫因素时，取各因素得分的平均值。

A.8.3　数据来源

生态环境部门、自然资源部门、实施单位或评估单位监测评估数据，12369 举报信息、舆情监控信息等相关数据。

A.9 公众满意度

A.9.1 赋分说明

公众满意度 8 分，根据公众对生态保护修复的满意程度情况赋分。

A.9.2 评分方法

公众满意度评分方法按照表 A.10 相关要求执行。

表 A.10 公众满意度评分表

公众满意度（PS_r）	得分
$95\% \leqslant PS_r \leqslant 100\%$	8
$90\% \leqslant PS_r < 95\%$	7
$85\% \leqslant PS_r < 90\%$	6
$80\% \leqslant PS_r < 85\%$	5
$75\% \leqslant PS_r < 80\%$	4
$70\% \leqslant PS_r < 75\%$	3
$65\% \leqslant PS_r < 70\%$	2
$60\% \leqslant PS_r < 65\%$	1
$0 \leqslant PS_r < 60\%$	0

A.9.3 评分依据

公众满意度调查数据和资料。

A.10 特色指标

特色指标 5 分，根据生态保护修复相关政策、规划、工程等实施区域的实际情况，自主设置区域有代表性的特色指标进行定量或定性评价，体现区域生态保护修复特征。

附 录 B

（资料性附录）

生态保护修复公众满意度调查问卷

您好！此次调查问卷旨在了解公众对生态保护修复实施的理解及满意程度，积极推动生态保护修复工作。请根据您的实际情况选择答案，并填写在“□”内。感谢您的配合与支持！

1. 您的性别：[] 单选题]

□女 □男

2. 您的年龄：[单选题]

□18 岁以下

□18～35 岁

□36～45 岁

□46～55 岁

□55 岁以上

3. 您的学历：[单选题]

□初中及以下

□高中（中专、职高、技校）

□大学（专科、本科）

□研究生及以上

4. 您在生态保护修复政策、规划、工程等所在行政区的居住年限：[单选题]

□1 年及以下

□1～3 年（含 3 年）

□3～5 年（含 5 年）

□5～10 年（含 10 年）

□10 年以上

5. 您是否了解生态保护修复相关政策、规划、工程等，了解渠道有哪些：[可多选]

□了解，主要渠道：

□电视广播 □报刊图书 □网络 □学校教育 □社区宣传 □家庭教育 □政府活动

☐不了解

6. 您对生态保护修复相关政策、规划、工程等的态度：[单选题]

☐非常关心

☐比较关心

☐一般

☐不关心

7. 您对相关部门在推进生态保护修复相关信息公开、公众参与和监督方面是否满意：[单选题]

☐非常满意

☐比较满意

☐一般

☐不满意

☐不了解

8. 您对生态保护修复成效的总体满意程度：[单选题]

☐非常满意

☐比较满意

☐一般

☐不满意

☐不了解

9. 您认为生态保护修复实施有哪些成效：[可多选]

☐生态环境问题解决

☐生态环境持续好转

☐景观美景度提升

☐生活舒适度增加

☐无明显成效

☐不了解

10. 您对生态保护修复实施产生的生物多样性保护提升（植物种类或数量增加、看到野生动物的次数增多、发现以前未出现的野生动物等）的整体满意程度：[单选题]

☐非常满意

□比较满意

□一般

□不满意

□不了解

11. 您对生态保护修复实施、生态环境改善对促进就业和增加经济收入的满意程度：［单选题］

□非常满意

□比较满意

□一般

□不满意

□不了解

12. 您对生态保护修复实施后，当地环境污染、毁林造田、过度放牧、乱砍滥伐、捕捞过度、滩涂围垦、填海造陆等生态环境破坏行为的减少或消除的满意程度：［单选题］

□非常满意

□比较满意

□一般

□不满意

□不了解

13. 其他意见或建议：

____

附 录 C

（资料性附录）

《生态保护修复成效评估技术报告》编写提纲

前言

简要说明生态保护修复成效评估的工作背景与意义、组织形式、工作过程与评估结论。

一、总则

概述评估目标与原则、评估周期、编制依据等。

二、基本情况

概述生态保护修复实施范围、实施目标、组织实施情况等。

三、生态环境成效评估

参照本标准，说明各项评估指标得分依据。说明生态保护修复成效各项指标评估基本情况、相关辅证材料及指标分值。根据本标准，确定评估结果，形成生态保护修复成效评估得分表，明确评估周期的成效等级。根据评估结果，阐述生态保护修复成效评估工作的评估结论。

四、主要成效与存在问题

根据评估结果，分析生态保护修复成效和存在问题。

五、相关建议

根据评估结果与评估中发现的问题，提出生态保护修复实施和管理的意见与建议。

六、附件

各项指标得分相关支撑材料。